教育部高等学校计算机类专业教学指导委员会-华为ICT产学合作项目
物联网实践系列教材

华为信息与网络
技术学院指定教材

物联网应用案例

IoT Application Case

楚朋志 肖雄子彦 徐季旻 魏彪 ◉ 编著

人民邮电出版社
北京

图书在版编目（CIP）数据

物联网应用案例 / 楚朋志等编著. -- 北京 : 人民邮电出版社, 2021.9
物联网实践系列教材
ISBN 978-7-115-55487-1

Ⅰ. ①物… Ⅱ. ①楚… Ⅲ. ①物联网－应用－教材 Ⅳ. ①TP393.4②TP18

中国版本图书馆CIP数据核字(2020)第241719号

内容提要

本书详细讲解了物联网技术的基础知识和应用案例，包括初识物联网、华为云物联网软硬件平台介绍、基于华为云物联网平台的部分智能家居系统实现、基于华为云物联网平台的智能健身房环境改造方案、基于 AIoT 的教务处智能管理系统、基于 NB-IoT 的 AED 智能管理系统、基于 AIoT 的驾驶员监测系统。案例分别为背景与需求分析、功能设计、系统实现、总结与展望 4 部分，内容贴近实用，图文并茂，易于理解。

本书适合作为应用型本科及职业院校物联网相关专业的教材，也适合作为 HCNA、HCDA 认证的参考用书。

◆ 编　　著　楚朋志　肖雄子彦　徐季旻　魏　彪
责任编辑　桑　珊
责任印制　彭志环

◆ 人民邮电出版社出版发行　　北京市丰台区成寿寺路 11 号
邮编　100164　　电子邮件　315@ptpress.com.cn
网址　https://www.ptpress.com.cn
北京盛通印刷股份有限公司印刷

◆ 开本：787×1092　1/16
印张：8.5　　2021 年 9 月第 1 版
字数：233 千字　　2024年 12 月北京第 3 次印刷

定价：39.80 元

读者服务热线：(010)81055256　印装质量热线：(010)81055316
反盗版热线：(010)81055315
广告经营许可证：京东市监广登字 20170147 号

丛书序一 FOREWORD

5G 网络的建设与商用，以及 NB-IoT 等低功耗广域网的广泛应用推动了以物联网为核心的新技术迅猛发展。当前物联网在国际范围内得到认可，我国也出台了国家层面的发展规划，物联网已经成为新一代信息技术重要组成部分，物联网发展的大趋势已经十分明显。2018 年 12 月 19 日至 21 日，中央经济工作会议在北京举行，会议重新定义了基础设施建设，把 5G、人工智能、工业互联网、物联网定义为“新型基础设施建设”。物联网正在推动人类社会从“信息化”向“智能化”转变，促进信息科技与产业发生巨大变化。物联网已成为全球新一轮科技革命与产业变革的重要驱动力，物联网技术正在推动万物互联时代的开启。

我国在物联网领域的进展很快，完全有可能在物联网的某些领域引领潮流，从跟跑者变成领跑者。但物联网等新技术快速发展使得人才出现巨大缺口，高校需要深化机制体制改革，推进人才培养模式创新，进一步深化产教融合、校企合作、协同育人，促进人才培养与产业需求紧密衔接，有效支撑我国产业结构深度调整、新旧动能接续转换。

从 2009 年开始到现在，国内对物联网的关注和推广程度都比国外要高。我很高兴看到由高校教学一线的教育工作者与华为技术有限公司技术专家联合成立的编委会，能共同编写“物联网实践系列教材”，这样可以将物联网的基础理论与华为技术有限公司相关系列产品深度融合，帮助读者构建完善的物联网理论知识和工程技术体系，搭建基础理论到工程实践的知识桥梁。华为自主原创的物联网相关核心技术不仅在业界中得到了广泛应用，而且在这套教材中得到了充分体现。

我们希望培养具备扎实理论基础、从事工程实践的优秀应用型人才，这套教材就很好地做到了这一点：涵盖基础应用、综合应用、行业应用三大方向，覆盖云、管、边、端。系列教材体系完整、内容全面，符合物联网技术发展的趋势，代表物联网领域的产业实践，非常值得在高校中进行推广。希望读者在学习后，能够构建起完备的物联网知识体系，掌握相关的实用工程技能，未来成为优秀的应用型人才。

中国工程院院士　倪光南

倪光南

2020 年 4 月

丛书序二 FOREWORD

随着5G、人工智能、云计算和区块链等新技术的应用发展，数字化技术正在重塑这个世界，推动着人类走向智能社会。这些新技术与物联网技术交织、碰撞和融合，物联网技术将进入万物互联的新阶段。

目前，我国物联网的发展正加速进入新阶段，实现跨界融合、集成创新和规模化发展。人才是产业发展的基石。在工业和信息化部编制的《信息通信行业发展规划物联网分册（2016—2020年）》中更是强调了需要"加强物联网学科建设，培养物联网复合型专业人才"。物联网人才培养的重要性，可见一斑。

华为始终聚焦使用ICT技术推动各行各业的数字化，把数字世界带入每个人、每个家庭、每个组织，构建万物互联的智能世界。华为云 IoT 服务秉承"联万物，+智能，为行业"的理念，发展涵盖芯、端、边、管、云的IoT全栈云服务，携手行业伙伴打造AIoT行业解决方案，培育万物互联的黑土地，全面加速企业数字化转型，助力物联网产业全面升级。

随着产业数字化转型不断推进，国家数字化人才建设战略不断深入，社会对ICT人才的知识体系和综合技能提出了更高挑战。健康可持续的ICT人才链，是产业链发展的基础。华为始终坚持构建良性人才生态，激发产业持续活力。2020年，华为正式发布了"华为ICT学院2.0"计划，旨在联合海内外各地的高校，在未来5年内培养200万ICT人才，持续为ICT产业输送新鲜血液，促进ICT产业的欣欣向荣。

教材建设是高校人才培养改革的重要举措，这套教材是学术界与产业界理论实践结合的产物，是华为深入高校物联网人才培养的重要实践。在此，请让我向本套教材的各位作者表示由衷的感谢，没有你们一年的辛勤和汗水，就没有这套教材的出版！

同学们、朋友们，翻过这篇序言，你们将开启物联网的学习探索之旅。愿你们能够在物联网的知识海洋里，尽情遨游，展现自我！

华为公司副总裁　云BU总裁　郑叶来

郑叶来

2020年4月

PREFACE 前言

物联网（Internet of Things，IoT）技术已经融入人们日常生活的各个方面，以窄带物联网（Narrow Band Internet of Things，NB-IoT）为代表的华为物联网技术也逐渐进入了人们生产和生活的方方面面。华为《GIV 2025 打开智能世界产业版图》报告预测在 2025 年的千亿级互联中，物联将达到 900 亿。因此学习基于华为 NB-IoT 技术快速开发迭代产品相关技术已经成为高校学生的迫切需求，而基于案例的教学内容将高效地让学生从实践角度理解技术的开发、部署、测试等环节。

本书共分为 7 章，分别从初识物联网、开发平台简介以及实践案例 3 方面来组织内容。其中实践案例部分介绍了 5 个案例，部分案例获得了全国大学生物联网竞赛的奖项。本书由长期从事物联网实践教学的老师编写，内容的选取及案例的设置有利于实践教学的推进和开展。

第 1 章即初识物联网，重点阐述物联网的概念起源、发展历程等，介绍了当今物联网的应用场景及各类物联网通信技术的优缺点，让读者对物联网应用架构有一个整体的了解。第 2 章主要介绍了华为云物联网开发的软硬件平台，从“端”“管”“云” 3 个层面来介绍华为相关的技术平台，包括嵌入式物联网板卡、华为云物联网平台、LiteOS 操作系统等，为后续的实践操作打下基础。第 3 章～第 7 章为实践案例，其中第 3、4、6 章主要介绍基于物联网技术的智能解决方案，包含智能家居、健身房改造以及 AED 智能管理系统。第 5 章和第 7 章主要介绍的是 AIoT 的技术案例，将深度学习算法和人脸识别同物联网技术做了有效的结合，进一步拓展了物联网的应用方向。本书中的实践案例涉及领域广泛，从传统的智能家居到健康医疗再到深度学习，通过不同的案例展现了多种技术的融合。案例包含了操作步骤和实现方式，读者可在具体的实践中加深对知识的理解和运用。

本书以案例为主，部分案例将物联网和人工智能结合起来，旨在满足不同专业的教学需求，有助于培养具备良好工程实践能力和应用创新能力的高素质人才。本书可作为理论课程的实践授课部分，建议安排课时为 16～24 课时。

本书由楚朋志、肖雄子彦、徐季旻、魏彪编著，其中，第 1 章和第 6 章由肖雄子彦编写，第 2 章和第 3 章由楚朋志编写，第 4 章和第 5 章由徐季旻编写，第 7 章由华为魏彪编写。同时，本书在第 3 章～第 7 章的编写中得到了向文钊、张浩翔、章学恒、王子灿等多位研究生同学的帮助，一并表示感谢。全书由楚朋志统稿。

在本书的编写过程中，华为技术有限公司给予了大量支持，尤其是魏彪、唐妍、刘耀林、闫建刚、冷佳发诸位老师的大力协助，在此表示衷心的感谢！

物联网技术一直在持续发展中，华为在物联网方向的产品也一直在迭代更新中，因此部分案例涉及的软硬件版本会略有不同。限于编者的水平，书中难免存在疏漏与不足之处，恳请专家和广大读者不吝赐教。

编著者

2021 年 8 月

目 录 CONTENTS

第 5 章 基于 AIoT 的教务处智能管理系统 ·················· 72

第 6 章 基于 NB-IoT 的 AED 智能管理系统··········· 89

第 7 章 基于 AIoT 的驾驶员监测系统 ················105

附录 教务处智能管理系统操作说明书 ············123

01

第1章　初识物联网

作为本书的第一章，本章将从物联网的概念起源、发展历程等方面帮助读者逐渐了解什么是物联网及物联网在当今社会有哪些应用场景，通过对物联网通信技术的简要介绍帮助读者掌握物联网常见的各类有线与无线通信技术，并对物联网的应用架构进行简要介绍。

1.1 物联网的概念与发展历程

本节将为大家介绍物联网的概念与物联网的发展历程。

1.1.1 物联网的概念

物联网（Internet of Things，IoT）是一个基于互联网、传统电信网等信息承载体，是让所有能够被独立寻址的普通物理对象实现互联互通的网络。在物联网中，所有物品通过信息传感设备与互联网连接起来，相互间进行信息交换，以实现平台层的智能化识别和管理。

物联网的概念起源于美国，当时物联网还被叫作“传感网”。国际电信联盟（International Telecommunication Union，ITU）对物联网的定义是：通过无线射频识别（RFID）、红外感应器、全球定位系统、激光扫描器等信息传感设备，按约定的协议，把任何物品通过物联网域名相连接，进行信息交换和通信，以实现智能化识别、定位、跟踪、监控和管理的一种网络概念。而后，物联网的概念逐渐确立。它在互联网概念的基础上，将其用户端延伸和扩展到了任何物品与物品之间。

中国物联网校企联盟认为物联网是当下几乎所有技术与计算机、互联网技术结合的产物，它实现的是物体与物体之间环境与状态信息的实时共享，以及信息的智能化收集、传递、处理和执行。

简而言之，物联网可以被理解成物物相连的互联网。物联网的本质特征概括来说主要有以下 3 个方面。

（1）互联网特征。物联网的核心和基础仍然是互联网。物联网是在互联网基础上进行延伸和扩展的网络。

（2）识别与通信特征。物联网的用户端延伸并扩展到了任何物品与物品之间，纳入物联网的“物”需要具备自动识别与物物通信的功能，实现“物物相息”。

（3）智能化特征。网络系统应具有自动化、自我反馈与智能控制的特点。

1.1.2 物联网的发展历程

物联网概念的提出可以追溯到 1999 年，美国麻省理工学院（MIT）Auto-ID 中心的阿什顿（Ashton）教授在研究无线射频识别技术时提出了物联网的概念。他基于互联网、电子产品代码（EPC）标准，利用射频识别技术、无线数据通信技术等，构造了一个实现全球物品信息实时共享的实物互联网“Internet of Things”（也称为“Web of Things”），简称“物联网”。同年，在美国召开的移动计算和网络国际会议上，专家学者们提出了“传感网（物联网）是下个世纪人类面临的又一个发展机遇”的理念。当时，物联网被视为互联网应用的扩展，其发展的核心是应用层面的创新，即以用户体验为其创新的核心和灵魂。

2003 年，美国《技术评论》杂志提出传感网络技术（物联网）将是未来改变人们生活的十大技术之首。

2005 年 11 月 17 日，在突尼斯举行的信息社会世界峰会（World Summit on the Information Society，WSIS）上，国际电信联盟（ITU）发布了《ITU 互联网报告 2005：物联网》，再一次提出了“物联网”的概念。自此，物联网的定义得到了完善，覆盖范围也有了较大的扩展，物联网技术也不再只限于 RFID 技术。

2008 年，为了促进科技发展，寻找新的经济增长点，各国政府开始重视下一代技术的规划，纷纷将目光投向了物联网。在中国，第二届中国移动政务研讨会于 2008 年 11 月在北京大学举办，会议以“知识社会与创新 2.0”为主题，提出移动技术、物联网技术的发展代表着新一代信息技术的形成，并带动了经济社会形态、创新形态的变革，推动了面向知识社会的以用户体验为核心的下一代创新形态的形成。而“创新 2.0”形态的形成又进一步推动了新一代信息技术的健康发展。

2009 年 2 月 24 日，在 IBM 论坛上，IBM 公司大中华区首席执行官钱大群公布了名为“智慧的地球”的最新策略。此概念一经提出，得到了美国各界的高度关注，并在世界范围内引起轰动。IBM 公司认为，IT 产业下一阶段的任务是把新一代 IT 技术充分运用在各行各业之中，具体地说，就是把感应器嵌入和装备到电网、铁路、桥梁、隧道、公路、建筑、供水系统、大坝、油气管道等各种物体中，使万物普遍连接，形成物联网。在发布会上，IBM 公司还提出，如果在基础建设的执行中，植入“智慧”的理念，能有力地刺激经济、促进就业。

2009 年，物联网被我国正式列为国家五大新兴战略性产业之一，写入《政府工作报告》。物联网在中国受到了全社会的极大关注。

如今，中国的物联网产业不断发展，其应用领域已经超越了 1999 年阿什顿教授和 2005 年 ITU 报告所限定的范围，与时俱进的中国式物联网已渐渐走向成熟。

1.2 物联网应用场景与行业解决方案

物联网应用渗透到了国民经济和人类社会与生活的方方面面，因此，物联网技术被称为是继计算机和互联网之后的第三次信息技术革命。在信息时代，物联网实时性和交互性的特点让其应用更加广泛，几乎无处不在。物联网主要应用领域包括智慧物流、智能交通、智能安防、智能医疗、智慧城市、智能家居、智能零售、智慧农业等。

1.2.1 智慧物流

智慧物流指的是以物联网、大数据、人工智能等信息技术为支撑，在物流的仓储、运输、配送等各个环节实现系统感知、全面分析及处理等功能。当前，物联网在智慧物流领域的应用主要体现在仓储与库存监控、配送管理、物流安全追溯等，形成跨部门、跨区域、跨行业的物流公共服务平台，提高物流效率，保障其安全和可控。智慧物流概念图如图 1-1 所示。

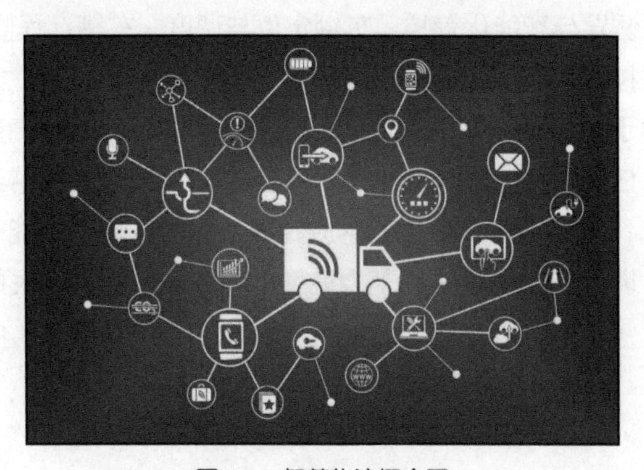

图 1-1 智慧物流概念图

智慧物流通过在物流商品中植入传感芯片，将感知信息与后台的地理信息系统/全球定位系统（GIS/GPS）数据库相结合，形成强大的物流信息网络。通过物联网技术实现对货物、运输车辆的监测，包括运输车辆位置、状态、油耗、速度及货物温湿度等，进一步对整条供应链的各个环节进行管理和掌控，使得生产制造、包装装卸、运输配送、分销出售、售后服务等每一个环节得到有效管理和保障。物联网技术的应用极大提高了运输管理效率，提升了整个物流行业的智能化水平。

1.2.2 智能交通

智能交通是物联网的一大重要应用场景。它利用信息技术将人、车和路紧密地结合起来，改善交通运输环境，保障交通安全并提高资源利用率。智能交通具体应用领域包括智能公交、共享单车、车联网、充电桩监测、交通控制与管理及智慧停车等。近年来，车联网成为各大整车厂和互联网企业的热门研究领域。车联网概念图如图 1-2 所示。

图 1-2 车联网概念图

在智能公交方面，物联网与卫星定位技术、移动通信技术、地理信息系统相结合，综合运用网络通信及电子控制等手段，集智能运营调度、电子站牌发布、智能卡收费、快速公交系统（BRT）管理等于一体，详细掌握每辆公交车的实时运行状况。此外，布设在公交站台的智能公交系统可准确显示下一班车的位置与等候时间，同时提供公交查询服务与最佳换乘方案。

在交通控制与管理方面，通过物联网技术与检测设备，我们可以在相应路段或特殊情况时根据车流量自动控制红绿灯的时长，可以提前向车主预告拥堵路段、推荐最佳行驶路线，提升交通管控的效率，保障通行秩序，还可以自动检测并报告公路、桥梁的“健康”状况，避免超载车辆经过桥梁。交通状态感知、交通诱导与智能化管控、车辆定位与调度、车辆远程监测与服务等物联网系统，将对城市交通进行实时监控和管理，提升交通管理水平。

在智慧停车方面，由于“停车难”问题在现代城市中引发了社会的高度关注，通过物联网技术帮助人们寻找车位的需求应运而生。智能化的停车场通过采用超声波传感器、摄像感应、地感性传感器、太阳能供电等技术，对停入的车辆进行感应并传递信息，停车智能管理平台接收到反馈后即显示当前的停车位数量。以片区为单位进行整合的智能停车系统作为市民的停车向导，大大缩短了人们找寻车位的时间。

1.2.3 智能安防

作为人类社会生活的基础保障，智能安防在物联网应用中也处于举足轻重的地位。相比起传统安防对人员的依赖性比较大，基于物联网技术的智能安防在人力资源方面耗费较低。智能安防通过智能设备对安全情况做出判断，对社会治安、危险化学品运输等进行监控，形成重点区域和行业的监管平台，可以提升公共安全管理的信息化水平。智能安防概念示意如图1-3所示。

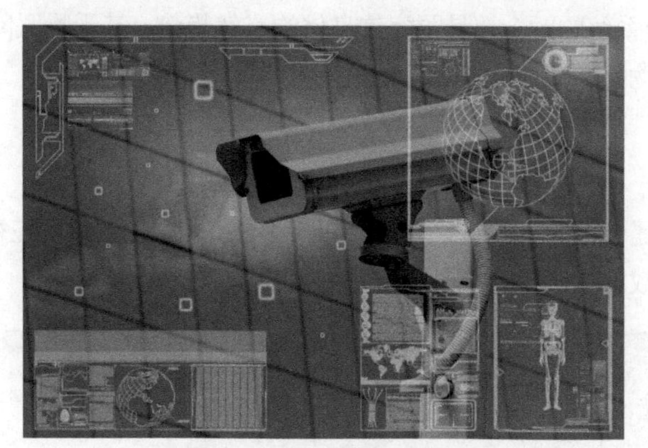

图1-3 智能安防概念示意

目前，智能安防最核心的部分在于智能安防系统，一个完整的智能安防系统主要包括三大部分，门禁、报警和监控。智能安防系统以视频监控为主，通过成千上万个覆盖地面、栅栏和低空探测的传感节点，对拍摄的图像进行分析、处理、传输与存储，通过对图像的处理、识别及与终端间的数据传输，防止入侵者翻越、偷渡及恐怖袭击等事件的发生。

迄今为止，上海机场和上海世界博览会已成功采用了该技术。据预测，到2035年前后，中国的物联网终端将达到数千亿个。物联网技术的应用普及，在进一步提升社会安全与稳定社会发展方面起着非常积极的作用。

1.2.4 智能医疗

在智能医疗领域，新技术的应用必须以人为中心，对人体各项数据进行全面了解和分析，对病情变化进行实时监控，而物联网技术则是数据获取与监控的一项有效途径。通过物联网技术和传感器可对人体的脏腑功能和生理状态（如心跳频率、体力消耗、血压高低等）进行监测，一般采用可穿戴的医疗设备，将检测到的人体数据传输、记录到电子健康文件中，方便个人或医生进行查阅与监控。智能医疗概念示意如图1-4所示。

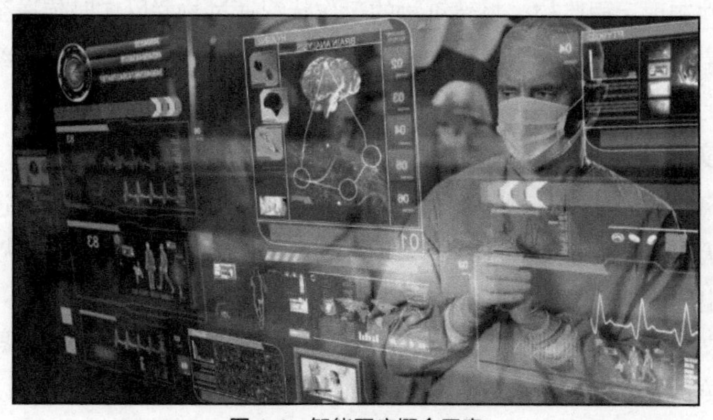

图1-4 智能医疗概念示意

除此之外，以 RFID 技术为代表的自动识别技术在智能医疗行业也应用广泛，它可以帮助医院实现对病人不间断的监控、会诊并共享医疗记录。同时，通过 RFID 技术还能对医疗设备、物品进行监控与管理，实现医疗设备、用品可视化，这些应用在数字化医院中较为常见。RFID 技术与医院信息系统（HIS）及药品物流系统的融合，是医疗信息化的必然趋势，基于物联网技术的智能医疗能有效地帮助医院实现对人及物品的智能化管理。

1.2.5 智慧城市

物联网在智慧城市建设中的应用越来越多，如图 1-5 所示，主要体现在智慧建筑，古迹、古树实时监测，数字图书馆和数字档案馆，智慧能源等方面。

图 1-5 物联网在智慧城市建设中的应用

1. 智慧建筑

建筑是城市的基石，如今科技的进步带动了城市建筑的智能化发展，基于物联网的智慧建筑也越来越受到人们的关注。目前智慧建筑主要体现在用电照明、消防监测、智慧电梯、楼宇监测及运用于古建筑领域的白蚁监测等方面。

通过物联网和感应技术，建筑物内照明灯能自动调节亮度，实现节能环保。设备对建筑物内情况进行感知、传输并实现远程监控，将建筑物的运作状况通过物联网实时传送至管理者，节约能源的同时也减少了楼宇的运维成本。同时，与全球定位系统相连接的智能建筑系统可及时反馈建筑物空间地理位置、安全状况、人流量等信息，提升建筑内活动的安全程度。

2. 古迹、古树实时监测

在城市文化与风貌的保护中，物联网也起着重要的作用。在许多城市，通过物联网采集古迹、古树的年代、损毁状态及气候等信息已十分常见。通过对古建筑与自然风貌现状的数据采集与监控，相关机构能及时做出分析判断，采取保护措施。

此外，在旅游文化传播方面，对古迹的实时监测还能建立景区内部的电子导游系统，或是将有代表性的景点图像传递到互联网，在带给游客们更好的旅游体验的同时，也可以利用物联网技术宣传地区的旅游特色，促进旅游经济和文化的发展。

3. 数字图书馆和数字档案馆

图书馆和档案馆是城市的智慧库，运营和管理这样大的数据库是一件烦琐且极其耗费人力和时间的事情。如今，基于物联网的数字图书馆和档案馆使用 RFID 设备，从文献的分编、加工、流通和典藏到读者证卡的申办和管理，原有的条码、磁条等传统图书管理方式已被 RFID 标签和阅读器完全取代。

将 RFID 技术与图书馆数字化系统相结合，通过扫描装置，工作人员能迅速获取书的类别和位置信息并进行分拣，从而实现架位标识、文献定位导航与智能分拣。对于广大读者来说，物联网技术也可帮助他们实现自助借、还书。借书时只要把身份证或借书卡插进读卡器里，然后把需要借阅的书在扫描器上放一下即可；还书过程更加简单，只需把书投进还书口，传送设备就能自动把书送到书库。

4. 智慧能源

物联网在智慧能源方面的应用主要集中在水能、电能、燃气能源的控制，路灯、井盖、垃圾桶等设备的控制，以及环境保护方面。例如，在能源、设备控制方面，利用智慧井盖的传感器监测水位及井下的状态，利用智能水、电表实现远程抄表，利用智能垃圾桶自动感应垃圾等；在环境保护方面，可以利用感应终端对城市大气环境、重点流域和湖泊水质、工业污染源排放情况等进行实时监控，建成重点地区的监控和预警平台。这些智慧能源方面的应用将物联网技术与传统的水、电、光能设备相连接，通过数据的监测与传递，提升能源利用效率，减少能源的损耗。

1.2.6　智能家居

有别于传统的家居交互，智能家居并非只是将家庭电子产品简单连接，而是通过物联网将家居与外部服务连接起来，实现设备与服务的交互，旨在使用不同的物联网技术和感应设备，提高家居使用的便捷度和效率，提升人们家庭生活的舒适度和安全度。

在智能家居的具体应用场景里，物联网技术使得业主能够对家居类产品的位置、状态、变化进行监测。物联网平台获取数据后，分析其变化特征并进行反馈，根据人们的需求，对家居进行一定程度的管理和控制。基于物联网的智能家居可以满足人们在办公室指挥家电运行的需求。例如，下班回到家时饭已经煮熟，热水已经烧好；个性化电视节目准点播放；家居设备能够自动报修，温度过高自动关闭等。物联网在智能家居中的应用如图 1-6 所示。

图 1-6　物联网在智能家居中的应用

智能家居行业的发展主要分为 3 个阶段，单品连接、物物联动和平台集成。其发展的方向是首先连接智能家居单品，随后走向不同单品之间的联动，最后向智能家居系统平台发展。当前，各个智能家居类企业正在从单品连接阶段向物物联动阶段过渡。

1.2.7 智能零售

行业内将零售按照距离分为了 3 种形式，分别是远场零售——以电商为代表，中场零售——以商场、超市为代表，近场零售——以便利店、自动售货机为代表。而三者中目前最适合与物联网技术相结合的是近场零售和中场零售，尤其是近场零售，即无人便利店和自动售货机。

智能零售通过物联网技术将传统的便利店和售货机进行数字化改造、升级，打造成无人零售模式。通过感知端获取数据，平台设备对数据进行分析处理，并结合门店内的客流情况和促销活动，为用户提供更快捷的服务，同时给商家带来更高的经济效益。

基于物联网的智能零售行业也可以对食品安全进行把控。人们用 RFID 电子标签取代零售业的传统条码（Barcode），使物品识别的穿透性（主要指穿透金属和液体）、距离限制及商品防盗、跟踪系统得到极大的改进。通过标签识别和物联网技术，相关机构可对食品生产过程进行实时监控，对食品质量进行联动跟踪，这将有效预防食品安全事故的发生，极大提高食品安全管理水平。

1.2.8 智慧农业

智慧农业指的是利用物联网、人工智能、大数据等现代信息技术与农业的深度融合，实现农业生产精细化管理，主要表现在农业种植和畜牧养殖环境监控、农产品质量安全管理与产品溯源等方面，尤其是在农业种植和畜牧养殖方面。物联网在智慧农业中的应用如图 1-7 所示。

图 1-7　物联网在智慧农业中的应用

农业种植人员通过传感器、摄像头和卫星等收集数据，实现农作物数字化和机械装备数字化（主要指的是农机车联网）发展。畜牧养殖人员利用传统的耳标、可穿戴设备及摄像头等收集畜禽的数据，通过对收集到的数据进行分析，运用算法判断畜禽健康状况、喂养情况，进行产值预测，对养殖过程进行精准化管理。

通过物联网技术对农业生产全过程进行信息感知、精准管理和智能控制是一种全新的农业生产管理策略，可实现可视化诊断、远程控制及灾害预警等功能，形成重点农产品质量管理平台，保障农产品安全。

1.3 物联网通信技术简介

如果需要将一台笔记本电脑联网，我们通常会采取接入一条网线或是搜索附近的 Wi-Fi，输入密码上网。但如果需要把终端连接到物联网就和连接到互联网的方式截然不同了。终端的类型不同、应用的场景不同，其连接到物联网的方式、选择的通信技术也不一样。

通信技术是物联网的基础。常见的通信技术分为有线通信技术和无线通信技术。有线通信技术目前已经十分普及，主要是指利用金属导线、光纤等有形媒介传送信息的技术，家里墙壁上的电话口、网口、有线电视口都是我们常见的有线通信接口。一般而言，有线通信技术的可靠性和稳定性较高，但是其连接会受限于传输媒介。

无线通信技术是利用电磁波信号在空间中直接传播、进行信息交换的通信技术，进行通信的两端之间无须有形的媒介连接，如蜂窝（手机）无线连接，Wi-Fi 连接等。相比之下，无线通信技术终端自由灵活，不受空间限制，但是其受传输空间里的电磁波及其他障碍物影响，可靠性相对较低。

1.3.1 有线通信技术

物联网有线通信技术主要包括以太网（Ethernet）、户用仪表总线（M-Bus）、电力线通信（PLC）、通用串行总线（USB）、RS-232 和 RS-485 技术。

1. 以太网（Ethernet）

以太网（Ethernet，ETH）是当今现有局域网采用的最通用的通信协议标准，包括标准的以太网、快速以太网和万兆以太网。以太网络使用 CSMA/CD（载波监听多路访问及冲突检测）技术，用于支持以太网标准的智能终端的连接使用。

以太网的技术标准由 IEEE（电气电子工程师学会）的 IEEE 802.3 规定，包括物理层的连线、电子信号和介质访问层协议的内容。以太网使用双绞线作为传输媒介，在没有中继的情况下，最远可以覆盖 200 米的范围。最普及的以太网类型数据传输速率为 100Mbit/s，更新的标准则支持 1Gbit/s 和 10Gbit/s 的传输速率。

以太网技术是目前应用最普遍的局域网技术，已经逐步取代了其他局域网标准，如令牌环、FDDI（光纤分布式数据接口）和 ARCNET 令牌总线等。现在我们所熟悉的互联网就是指这些大大小小的局域网连接在一起以后所形成的覆盖全球的网络，因此任何连接到物联网的事物总是连接到一个以太网终端上的。

2. 户用仪表总线（M-Bus）

户用仪表总线（Meter Bus，M-Bus）由德国帕德博恩（Paderborn）大学的霍斯特·齐格勒（Horst Ziegler）博士与 TI（德州仪器）公司共同提出，是一种用于非电力户用仪表传输的欧洲总线标准。

M-Bus 总线的概念基于 OSI（开放式系统互联）参考模型，但是 M-Bus 又不是真正意义上的一种网络。在 OSI 七层网络模型中，M-Bus 只对物理层、链路层、网络层和应用层进行了功能定义。在七层模型之外，M-Bus 定义了一个管理层，对任意一层进行管理。

M-Bus 是一个层次化的系统，由一个主设备、若干从设备和一对连接线缆组成，所有从设备并行连接在总线上，由主设备控制总线上的所有串行通信进程。M-Bus 串行通信方式的总线型拓扑结构使其具有良好的抗外部干扰性，且组网成本较低，可以在几公里的距离上连接几百个从设备，支持长距离传输，因此常用于远程抄表系统、由电池供电或远程供电的计量仪表。

当计量仪表收到数据发送请求时，将当前测量的数据发送到主站（手持设备、计算机或其他终端），主站定期读取某栋建筑物中计量仪表的数据。同时，M-Bus 在建筑物和工业能源消耗数据采集方面也应用广泛。M-Bus 在家庭电子系统中的应用包括报警系统、智能照明、热能控制。

3. **电力线通信（PLC）**

电力线通信（Power Line Communication，PLC）全称是电力线载波（Power Line Carrier）通信，它是指利用高压电力线（电压等级在 35kV 及以上）、中压电力线（电压等级 10kV）或低压配电线（380/220V 用户线）作为信息传输媒介进行语音或数据传输的一种特殊通信方式。

该技术是把载有信息的高频信号加载于电流，然后用电线传输，接收信息的适配器再把高频信号从电流中分离出来并传送到计算机或电话以实现信息传递。

传统的 PLC 应用范围窄，传输速率较低，不能满足宽带化发展的要求。因此 PLC 正在向大容量、高速率方向发展，同时转向采用低压配电网进行载波通信，实现家庭用户利用电力线打电话、上网等多种业务。

从占用频率带宽的角度，PLC 可分为窄带 PLC 和宽带 PLC。窄带 PLC 的载波频率范围，在不同国家、不同地区是不一样的，美国为 50～450kHz，中国为 40～500kHz。宽带 PLC 的载波频率范围，美国为 4～500kHz，主要用于户内；欧洲为 1.6～10MHz 和 10～30MHz。

PLC 在新式信息家电中应用广泛，应用形式多种多样。PLC 不仅可以将电表的数据传输到工业网关上，同时还可以作为家庭网络来使用。PLC 非常便于在传统数据处理设备（如个人计算机等）与计算机外设之间交换数据。此外，PLC 也可用于信息家电与计算机的数据交换。例如，电视浏览、下载商品广告的详细信息，向供货商发送订购请求；电冰箱根据冰箱内的库存情况通过电力线订购食品；微波炉向空调发送环境温度变化情况，使空调温度得到调节，保持室温舒适。PLC 还可用于家庭安防方面，如把门口监控摄像机获得的图像送至电视机。

4. **通用串行总线（USB）**

通用串行总线（Universal Serial Bus，USB）是一个外部总线标准，应用在个人计算机（PC）领域的接口技术中，用于规范计算机与外部设备的连接和通信。它在 1994 年年底由英特尔、康柏、IBM、微软等多家公司联合提出。

USB 采用四线电缆，其中两根是用来传送数据的串行通道，另外两根为下游设备提供电源，对于任何已经成功连接且相互识别的外设，将以双方设备均能够支持的最高速率传输数据。USB 总线会根据外设情况在所兼容的传输模式中自动地由高速向低速动态转换并匹配锁定在合适的速率。

USB 接口理论上最多可支持 127 个装置，对于所接外设很少超过 10 个的计算机而言，这个数量足够人们使用。此外，USB 的另一个显著优点是支持热插拔（带电插拔），实现真正的安全的即插即用。

现今最新的 USB 规范是由英特尔等公司发起的 USB 3.0——也被认为是超高速 USB。从键盘到高吞吐量磁盘驱动器，各种器件都能够采用这种低成本接口进行平稳运行的即插即用连接。

新的 USB 3.0 在保持与 USB 2.0 的兼容性的同时，能够使主机更快地识别器件，极大提高了传输带宽——理论最高达 5Gbit/s 全双工，实现了更好的电源管理和更高的数据处理效率。一个采用 USB 3.0 的闪存驱动器可以在 15 秒内将 1GB 的数据转移到一个主机，而 USB 2.0 则需要 43 秒。并且，USB 3.0 可以实现 USB 充电电池、LED 照明和微型风扇等应用。

5. RS–232 和 RS–485

RS-232 是个人计算机上的通信接口之一，是由电子工业协会（Electronic Industries Association，EIA）制定的异步传输标准接口。

在串行通信时，通信双方都要采用一个标准接口，使不同的设备可以方便地连接起来进行通信，RS-232 接口是目前最常用的一种串行通信接口。一般个人计算机上会有两组 RS-232 接口，分别以 DB-9（9 个引脚）和 DB-25（25 个引脚）的形态出现，分别称为 COM1 和 COM2。

RS-485 是 RS-232 的同类总线，RS-485 采用平衡发送和差分接收，因此具有抑制共模干扰的能力。在要求通信距离为几十米到上千米时，我们广泛采用 RS-485 串行总线。RS-485 采用半双工工作方式，任何时候只能有一点处于发送状态，因此，发送电路须由使能信号加以控制。RS-485 用于多点互连时非常方便，可以省掉许多信号线。

RS-232 与 RS-485 的区别主要在于以下几个方面。

（1）在传输方式上，RS-232 采用不平衡传输，即所谓的单端通信；而 RS-485 则采用平衡传输，即差分传输方式。

（2）在传输距离上，RS-232 适合本地设备间的通信，传输距离一般小于 20 米；而 RS-485 的传输距离可高达上千米。

（3）在通信对象上，RS-232 只允许一对一通信，而 RS-485 在总线上允许连接多达 128 个收发器。

1.3.2 无线通信技术

传统的无线通信技术主要有蜂窝移动通信技术（包括第二、三、四代移动通信技术等）和短距无线通信技术（包括 Wi-Fi 无线网络、蓝牙、紫蜂网络、Z-Wave 无线网络等）。随着物联网的发展，低功耗广域网（Low Power Wide Area Network，LPWAN）技术（包括窄带物联网、SigFox 网络、远距离无线电等）更加适用于较多物联网场景。主流无线通信技术的简要对比见表 1-1。

表 1-1　主流无线通信技术的简要对比

技术名称	频段	传输速率	典型距离	发射功率	典型应用
蓝牙	2.4GHz	1 ~ 24Mbit/s	1 ~ 100m	1 ~ 100mW	鼠标、无线耳机、手机、电脑等邻近点数据交换
Wi-Fi 无线网络	2.4GHz 5GHz	11b：11Mbit/s 11g：54Mbit/s 11n：600Mbit/s 11ac：1Gbit/s	50 ~ 100m	终端 36mW，AP 320mW	无线局域网、家庭、室内场所高速上网
紫蜂网络	868MHz/915MHz，2.4GHz	868MHz：20Kbit/s 915MHz：40Kbit/s 2.4GHz：250Kbit/s	2.4GHz 频段：10 ~ 100m	1 ~ 100mW	家庭自动化、楼宇自动化、远程控制
Z-Ware 无线网络	868.42MHz（欧洲） 908.42MHz（美国）	9.6Kbit/s 或 40Kbit/s	30m（室内）~ 100m（室外）	1mW	智能家居、监控和控制
SigFox 网络	Sub-G 免授权频段	100bit/s	1 ~ 50km	<100mW	智慧家庭、智能电表、移动医疗、远程监控、零售
远距离无线电	Sub-G 免授权频段	0.3 ~ 50Kbit/s	1 ~ 20km	<100mW	智慧农业、智能建筑、物流追踪
窄带物联网	Sub-G 授权频段	<100Kbit/s	1 ~ 20km	<100mW	水表、停车、宠物追踪、垃圾桶、烟雾报警、零售终端

1. 蜂窝移动通信技术

蜂窝移动通信（Cellular Mobile Communication）采用蜂窝无线组网方式，将终端和网络设备通过无线通道连接起来，进而实现用户在活动中的相互通信。由于构成网络覆盖的各通信基站的信号覆盖呈六边形，整个网络像一个蜂窝，蜂窝移动通信因而得名，如图 1-8 所示。其主要特征是终端的移动性，以及越区切换和跨本地网自动漫游功能。

蜂窝网络的组成主要有 3 部分：移动站、基站子系统、网络子系统。移动站就是我们的网络终端设备，比如手机或者一些蜂窝工控设备。基站子系统包括我们日常见到的移动基站（大铁塔）、无线收发设备、专用网络（一般是光纤）及无数的数字设备等。我们可以把基站子系统看作是无线网络与有线网络之间的转换器。

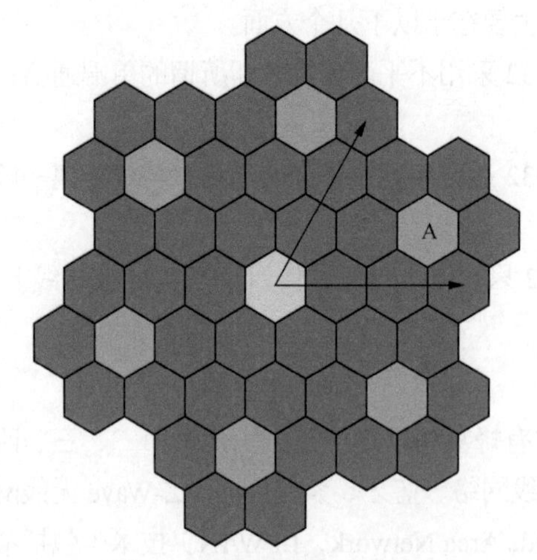

图 1-8　蜂窝移动通信网络结构

我们生活中常见的 2G、3G、4G 中的 G 是 Genneration，2G、3G、4G 分别指第二、三、四代移动通信技术。现在物联网领域应用较广的是 2G 中的通用分组无线服务（General Packet Radio Service，GPRS）技术，多应用于网络中心、共享单车、银行数据中心网络接入等。

2. Wi–Fi 无线网络

Wi-Fi 无线网络是一个创建于 IEEE 802.11 标准的无线局域网（WLAN）技术，通常使用 2.4G 特高频（UHF）或 5G 超高频（SHF）ISM 射频频段（国际电信联盟定义的工业、科学、医疗频段），是当今使用最广的一种无线网络传输技术。国际上很多发达国家城市里覆盖着由政府或大公司提供的 Wi-Fi 信号供居民使用，我国也有许多地方正在实施“无线城市”工程而使这项技术得到推广。

无线局域网通常是有密码保护的，但也可是开放的。在这个路由器的电波覆盖有效范围内的智能手机、平板电脑和笔记本电脑等都可以采用 Wi-Fi 连接方式进行联网。

Wi-Fi 最主要的优势在于不需要布线，因此覆盖范围广，非常适合移动办公用户的需要。虽然无线通信质量不是很好，传输安全性和稳定性较差，但传输速率非常高，符合社会和人们信息化的需求。Wi-Fi 网络结构如图 1-9 所示，Wi-Fi 由主集中器通过中继和热点（AP）将信号发送到终端设备上。

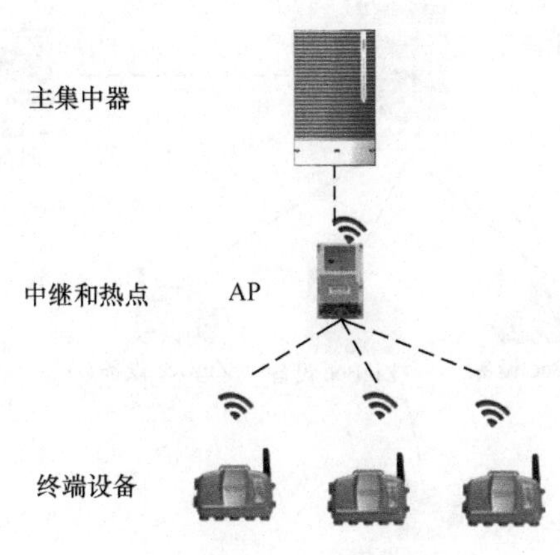

图 1-9　Wi-Fi 网络结构

3. 蓝牙（Bluetooth）

蓝牙（Bluetooth）是一种大容量、近距离的无线数字通信技术标准，使用 2.4 ~ 2.485GHz 的 ISM 频段的 UHF 无线电波，实现固定设备、移动设备和楼宇个人域网之间的短距离数据交换。蓝牙最初作为 RS-232 的替代方案，由电信公司爱立信于 1994 年创制。蓝牙可连接多个设备，克服了数据同步的难题。

蓝牙的传输距离为 10cm ~ 10m，通过增加发射功率，传输距离可达到 100m。蓝牙支持设备短距离（一般在 10m 内）通信，能在包括手机、平板电脑、无线耳机、笔记本电脑及相关外设等众多设备之间进行无线信息交换。

蓝牙技术能够有效地简化移动通信终端设备之间的通信，也能够成功地简化设备与互联网之间的通信，从而数据传输变得更加迅速高效，为无线通信拓宽道路。蓝牙的优点是速率快、功耗低、安全性高；缺点是网络节点少，不适合多点布控。

4. 紫蜂网络（ZigBee）

紫蜂网络（ZigBee）是基于 IEEE 802.15.4 标准的低功耗局域网协议，可工作在 2.4GHz（全球流行）、868MHz（欧洲流行）和 915 MHz（美国流行）3 个频段上，分别具有最高 250Kbit/s、20Kbit/s 和 40Kbit/s 的传输速率。其名称来源于蜂群的通信方式——蜜蜂之间通过跳 Z 字形的舞蹈来交流共享花粉源的方向、位置和距离等信息。

如图 1-10 所示，ZigBee 网络由服务器通过主集中器向各类设备发送信号。ZigBee 数传模块类似于移动网络基站，由可多达 65 000 个无线数传模块组成一个无线网络平台。在整个网络范围内，每一个网络模块之间可以相互通信，每个网络节点间的距离在 10 ~ 75m 的范围内，并且支持无限扩展。相较于基站建设成本近百万元人民币的移动通信网，ZigBee 网络基站成本不到 1 000 元。

ZigBee 是一种高可靠、短距离、自组织、低功耗、低复杂度、低数据传输速率的双向无线通信技术，在功耗低且传输速率不高的各种电子设备之间进行数据传输。但当有物体阻挡时，ZigBee 信号衰减严重，且不同 ZigBee 芯片间兼容性较差，不易维护。

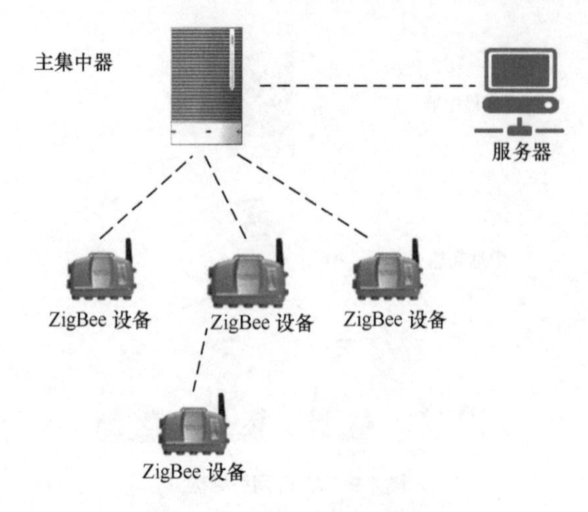

图 1-10　ZigBee 网络部署结构

与蜂窝移动通信不同的是，ZigBee 广泛应用于智能家居、工业和医疗等领域，主要包括家庭和建筑物内照明、空调、窗帘等设备的自动化控制，电视、DVD、CD 机等电器的远程遥控，无线键盘、鼠标、游戏操纵杆等，工业数据的自动采集、分析和处理，医疗传感器、病人的紧急呼叫按钮等。

5. Z–Wave 无线网络

Z-Wave 无线网络是一种新兴的基于射频的、低成本、低功耗、短距离、高可靠、结构简单的无线通信技术。其工作频段为 908.42MHz（美国）和 868.42MHz（欧洲），数据传输速率为 9.6Kbit/s，信号的有效覆盖范围为室内 30m，室外可超过 100m，适合于窄带应用场合。但是 Z-Wave 传输速率较低，芯片只能通过西格玛设计公司这唯一来源获取。

Z-Wave 网络部署结构如图 1-11 所示，Z-Wave 同样由服务器通过主集中器向各类设备发送信号。相对于其他无线通信技术，Z-Wave 针对窄带应用并采用创新的软件解决方案使其拥有较远的传输距离、较低的传输频率和较小的功耗成本。Z-Wave 联盟（Z-Wave Alliance）虽不如 ZigBee 联盟强大，但该联盟已经具有 160 多家国际知名公司，范围基本覆盖全球各个国家和地区。

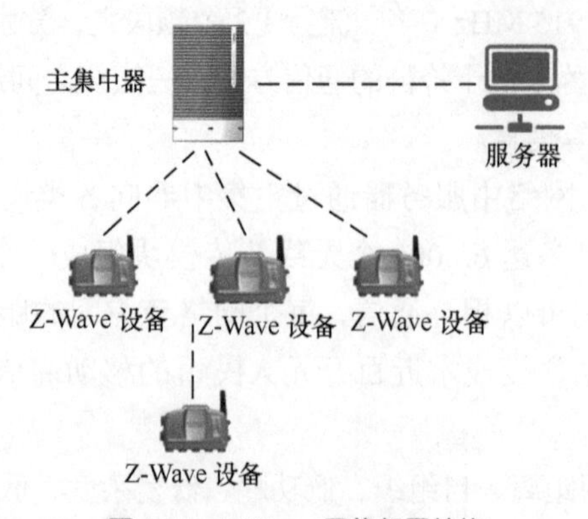

图 1-11　Z-Wave 网络部署结构

Z-Wave 技术在设计之初是定位于智能家居的无线控制领域。Z-Wave 可将任何独立的设备转换为智能网络设备，从而可以实现控制和无线监测。目前该技术主要用于住宅、商业控制及状态读取，如远程抄表、照明及家电控制、接入控制、防盗及火灾检测等。

6. SigFox 网络

SigFox 网络利用了超窄带（UNB）技术，传输功耗水平非常低，且仍能维持稳定的数据连接。这一协议最早由法国企业家卢多维克·勒莫昂（Ludovic Le Moan）提出，旨在打造低功耗、低成本的无线物联网专用网络。

SigFox 网络拓扑具有可扩展、高容量的特点，具有非常低的能源消耗，同时保持简单和易于部署的基于星形单元的基础设施。SigFox 网络性能特征保持在每天每台设备 140 条消息，每条消息消耗 12 字节（96bit），无线吞吐量达 100bit/s。SigFox 无线链路使用免授权 Sub-G 的 ISM 射频频段，频率根据国家法规有所不同，在欧洲是 868MHz，在美国是 915MHz。

SigFox 也是商用化较快的一个网络技术。目前，SigFox 的网络覆盖法国、西班牙、荷兰和英国的 10 多个大城市。

7. 远距离无线电（LoRa）

远距离无线电（Long Range Radio，LoRa）是一个基于开源的 MAC 层协议的低功耗广域网（LPWAN）通信技术中的一种，是美国升特（Semtech）公司采用和推广的一种基于扩频技术的超远距离无线传输方案。目前，LoRa 主要在全球免费频段运行。

低功耗无线网络一般很难远距离覆盖，远距离无线网络一般功耗高。LoRa 所基于的 Sub-G 频段使其更易以较低功耗远距离通信，因而 LoRa 可以使用电池供电或者其他能量收集的方式供电。在同样的功耗条件下 LoRa 比其他无线传播方式传播距离更远，通信距离扩大 3 ~ 5 倍。这一方案改变了以往关于传输距离与功耗不可兼得的局面，实现了低功耗和远距离的统一，为用户提供了一种能实现远距离传输且保持较长电池寿命和大容量的系统。

LoRa 技术主要有以下几个特点：长距离（1 ~ 20km），万级乃至百万级的节点数，近十年的电池寿命，0.3 ~ 50Kbit/s 数据速率，工作频率为 ISM 频段（包括 433MHz、868MHz、915MHz 等），AES128 安全加密。

目前已有美国、法国、德国、澳大利亚等 17 个国家公开宣布 LoRa 建网计划，120 多个城市和地区有正在运行的 LoRa 网络，荷兰、瑞士、韩国等国家更是计划部署覆盖全国的 LoRa 网络。

8. 窄带物联网（NB-IoT）

窄带物联网（Narrow Band Internet of Things，NB-IoT）是目前 LPWAN 领域最受关注的一项技术。NB-IoT 基于蜂窝网络，可直接部署于 GSM（全球移动通信系统）网络、UMTS（通用移动通信系统）网络或 LTE（长期演进）网络，以降低部署成本，实现平滑升级。NB-IoT 只消耗大约 180kHz 的带宽，使用授权频段的部署方式，可与现有网络共存。

在物联网标准与技术的研究中，华为公司推进得最早。2014 年 5 月，华为公司提出了窄带技术 N-IoT M2M。华为公司余泉表示，NB-IoT 在欧洲乃至全球都呈现出巨大的发展机遇。

NB-IoT 具备以下特点。

（1）广覆盖。在同样的频段下，NB-IoT 比现有的网络增益 20dB，相当于覆盖能力提升了 100 倍。

（2）具备支撑连接的能力。NB-IoT 一个扇区能够支持 10 万个连接，支持低延时敏感度、超低的设备成本、低设备功耗和优化的网络架构。

（3）更低功耗。NB-IoT 终端模块的待机时间可长达 10 年。

（4）更低的模块成本。企业预期的单个接连模块不超过 5 美元。

NB-IoT 聚焦于低功耗广覆盖物联网市场，是一种可在全球范围内广泛应用的新兴技术。NB-IoT 支持待机时间长、对网络连接要求较高的设备的高效连接。其自身具备低功耗、广覆盖、低成本、大容量等优势，可广泛应用于多种垂直行业，如远程抄表、资产跟踪、智慧停车、智慧农业等。

1.4 物联网应用架构概述

物联网是在互联网的基础上，将其用户端延伸扩展到物与物之间的信息交换和通信，是新一代信息技术的重要组成部分，也将是下一个推动世界高速发展的“重要生产力”，是继通信网之后的另一个万亿级市场。

如图 1-12 所示，物联网应用架构主要分为感知层、网络层和应用层。感知层主要用于将万物进行连接，使用传感器等智能嵌入式设备感知、获取物体各项数据，并进行标识和传输；网络层旨在搭建网络环境（包括有线和无线网络），保障数据信息传递畅通；应用层主要面向各类物联网应用场景，将接收到的信息分析处理后对用户终端进行管理和控制。

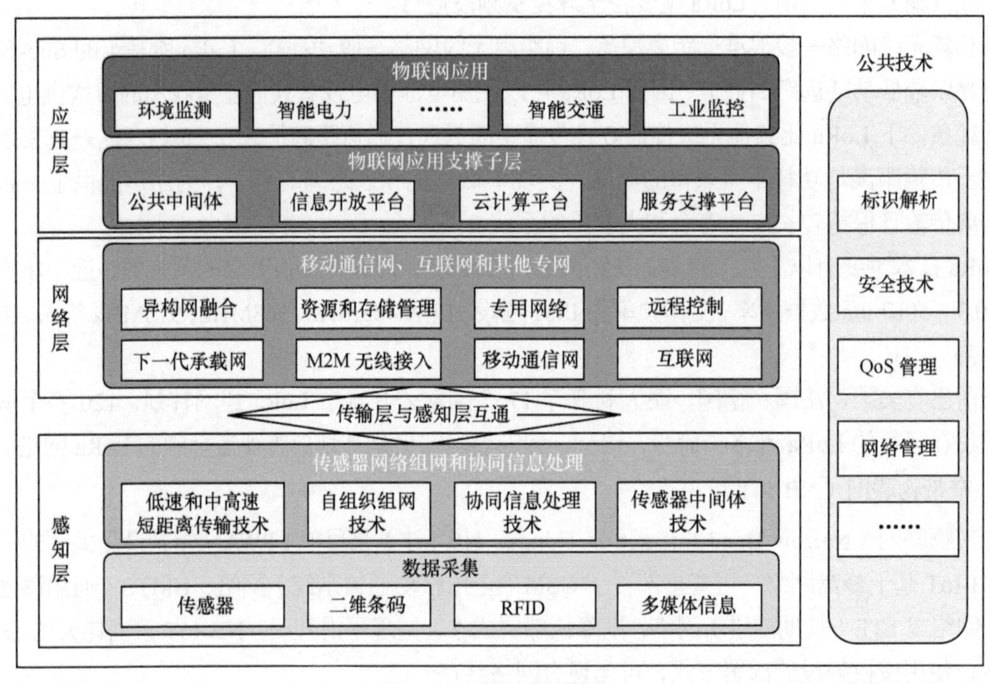

图 1-12　物联网应用架构

1.4.1 感知层

1. 感知层简介

感知层也叫“感知识别层”，主要负责信息采集和信号处理。通过感知识别技术，让物品“开口说话、发布信息”，这是物联网区别于其他网络的最独特部分。感知层的信息生成设备，不仅包括采用自动生成方式的 RFID 电子标签、传感器、定位系统等，还包括采用人工生成方式的各种智能设备，例如智能手机、平板电脑、多媒体播放器、笔记本电脑等。

感知层位于物联网三层模型的底端，是所有上层结构的基础，是联系物理世界与信息世界的重要纽带，是物联网的核心。

由于感知层需要感知的地理范围和空间范围比较大，包含的信息也比较多，该层中的设备需要通过自组织网络技术，以协同工作的方式组成一个自组织的多节点网络进行数据传递。因此，感知层是由大量的具有感知、通信、识别能力的智能物体与感知网络组成的。

2. 感知层关键技术

感知层目前的主要技术有：无线射频识别（RFID）技术、二维码技术、ZigBee技术和蓝牙技术。

无线射频识别技术，又称电子标签，是利用无线射频信号空间耦合方式，实现无接触的标签信息自动传输与识别的技术，可快速地进行物品追踪和数据交换。RFID是一种简单的无线系统，包括两个核心部分：读写器（Reader）和电子标签（TAG，也称射频卡、应答器）。RFID电子标签是系统主要部件，由耦合元件和芯片组成，用于存储数据信息。

RFID作为用途最广泛的自动识别技术近些年颇受企业关注，识别工作无须人工干预，可广泛适用于各种领域，如物流和供应链管理、门禁安防系统、电子支付、生产制造和装配、物品监视、汽车监控、动物身份标识等。

但目前RFID的发展也存在许多问题：首先是成本较高；其次是可靠性较差，相比二维码技术，RFID读取资料的准确性不尽如人意；最后是兼容性较差，目前的RFID技术并不兼容现有的物联网应用系统和技术，缺乏统一的标准。

二维码技术作为一种信息交换、传递的介质，不但在质的方面使物联网应用水平得以提升，在量的方面也拓宽了信息传递的领域。二维码具有高密度、高容量、纠错强和成本低等特点，不依赖网络和数据库，因此也颇受厂商的关注。但近年来，在二维码使用中出现了各种安全问题，在一定程度上阻碍了它的应用和发展。

ZigBee 技术是一种近距离、低复杂度、低功耗、低速率、低成本的双向无线通信技术。ZigBee价格相对昂贵，其协议占带宽的开销量，因此对信道带宽要求较高。在技术实现方面，ZigBee 协议开发难度很大，大多数ZigBee协议还没开源，各家厂商通信协议互不兼容，极大地阻碍了设备的统一，所以相比ZigBee和蓝牙，二维码技术与RFID技术在我国的建设较多。

3. 传感器技术

在物联网时代，传感器无处不在。传感器是指能感受规定的被测量，并按照一定的规律将其转换成可用输出信号的器件或者装置。据悉，目前全球各类传感器有 2 万多种，我国已拥有相关科研成果、技术和产品 1 万多种。国内主流传感器包括汽车传感器、仪器仪表传感器、压力传感器等。这些传感器被广泛应用于航天、航空、国防科技、医疗设备及工农业等各个领域，为我们实现智慧城市迈出了坚实的一步。目前对传感器尚无一种统一的分类方法，较常见的是按被测量分类，如压力、温度、光电、湿度等。

随着市场对智能设备的需求不断上升，传感器技术已成21世纪最具有影响力的高新技术之一。但我国在传感器发展方面也暴露出许多的问题，比如我国传感器行业整体缺乏创新的基础，目前全球主流传感器技术仍掌握在国外企业手中。

1.4.2 网络层

网络层（网络构建层）直接通过现有的互联网、移动通信网、卫星通信网等基础网络设施，对来自感知层的信息进行接入和传输。在物联网三层模型中，网络层接驳感知层和应用层，具有强大的纽带作用。

网络层位于物联网三层结构中的第二层，其功能为“传送”，即通过通信网络进行信息传输。网络层由各种私有网络、互联网、有线和无线通信网等组成，相当于人的神经中枢系统，负责将感知层获取的信息，安全可靠地传输到应用层，然后根据不同的应用需求进行信息处理。

物联网网络层包含接入网和传输网，分别实现接入功能和传输功能。传输网由公网与专网组成，典型传输网络包括电信网（固网、移动通信网）、广电网、互联网、电力通信网、专用网（数字集群）。接入网包括光纤接入、无线接入、以太网接入、卫星接入等各类接入方式，实现底层的传感器网络、RFID 网络最后一公里的接入。网络层可依托公众电信网和互联网，也可以依托行业专业通信网络，或者同时依托公众网和专用网。同时，网络层承担着可靠传输的功能，即通过各种通信网络与互联网的融合，将感知的各方面信息，随时随地地进行可靠交互和共享，并对应用和感知设备进行管理和鉴权。

物联网的网络层基本上综合了已有的全部网络形式，来构建更加广泛的“互联”。每种网络都有自己的特点和应用场景，互相组合才能发挥出最大的作用，因此在实际应用中，信息往往经由一种网络或几种网络的组合进行传输。

而由于物联网的网络层承担着巨大的数据量，并且面临更高的服务质量要求，物联网需要对现有网络进行融合和扩展，利用新技术以实现更加广泛和高效的互联功能。

随着物联网技术和标准的不断进步和完善，物联网的应用会越来越广泛，电力、环境、物流等关系到人们生活方方面面的应用都会加入物联网中，到时，会有海量数据通过网络层传输到云计算中心。因此，物联网的网络层必须要有较大的吞吐量及较高的安全性。

1.4.3 应用层

应用层（综合应用层）是物联网系统的用户接口，通过分析经过处理的感知数据，为用户提供丰富的特定服务。具体来看，应用层接收网络层传来的信息，并对信息进行处理和决策，再通过网络层发送信息，以控制感知层的设备和终端。应用层的功能就是接收网络传递来的数据信息，分析、建模，形成人们所需的信息，并执行一些处理的行为。物联网的应用以“物”或物理世界为中心，涵盖物品追踪、环境感知、智慧物流、智能交通、智能海关等各个领域。

应用层位于物联网三层结构中的顶层，其主要功能为“处理”，即通过云计算平台进行信息处理。应用层与底端的感知层，是物联网的显著特征和核心所在。应用层可以对感知层采集数据进行计算、处理和知识挖掘，从而实现对物理世界的实时控制、精确管理和科学决策。

物联网应用层的核心功能围绕两个方面：一是“数据”，应用层需要完成数据的管理和数据的处理；二是“应用”，仅仅管理和处理数据还远远不够，必须将这些数据与各行业应用相结合。以智能电网中的远程电力抄表应用为例：安置于用户家中的读表器就是感知层中的传感器，这些传感器在收集到用户用电的信息后，通过网络发送并汇总到发电厂的处理器上。该处理器及其对应工作就属于应用层，它将完成对用户用电信息的分析，并自动采取相关措施。

从结构上划分，物联网应用层包括以下 3 个部分。

（1）物联网中间件：物联网中间件是一种独立的系统软件或服务程序，它将各种可以共用的能力进行统一封装，提供给物联网应用使用。

（2）物联网应用：物联网应用就是用户直接使用的各种应用，如智能操控、智能安防、电力抄表、远程医疗、智慧农业等。

（3）云计算：云计算可以为物联网海量数据的存储和分析助力。依据云计算的服务类型可以将“云”分为基础架构即服务（IaaS）、平台即服务（PaaS）和软件即服务（SaaS）。

从物联网三层结构的发展来看，网络层已经非常成熟，感知层的发展也非常迅速，而应用层不管是在受到的重视程度还是实现的技术成果上，都落后于其他两层。但因为应用层可以为用户提供具体服务，是与我们最紧密相关的，因此应用层未来的发展潜力很大。

1.5　总结与展望

1. 总结

本章简要介绍了物联网的概念与起源、物联网的发展历程与当今在社会生活中丰富的应用场景。通过对物联网的典型通信技术（有线通信技术与无线通信技术）的介绍，读者可以对物联网常用的通信方式与物联网的整体架构有较为清晰的认知。

2. 展望

本章的相关理论知识将作为入门物联网的起点，让大家形成对物联网整体上的宏观知识。而在后续章节中，将会进一步为大家介绍物联网技术所使用的软、硬件平台，以及基于软、硬件平台开发的各项物联网创新实践案例。

02 第2章　华为云物联网软硬件平台介绍

华为物联网平台按照结构划分，主要分为“云”“管”“端” 3 个部分。其中，“云”主要是指华为云物联网平台，“管”指的是华为以 NB- IoT 为代表的各类通信方式，而“端”则指的是以华为 LiteOS 为依托的嵌入式硬件平台。在本章中我们没有具体关注信号的传输协议，因此对“管”的部分不做过多阐述，主要对 LiteOS 硬件和华为云物联网平台进行重点描述和讲解。接下来，我们将首先认识一下可兼容 NB-IoT 模组的 ARM 嵌入式开发板。

2.1 NB-IoT 模组的嵌入式开发板简介

本书的实验案例中所使用的开发板都是物联网俱乐部所生产的 EVB_M1 开发板，如图 2-1 所示。该公司的开发板性价比较高，上手方便，目前是华为物联网认证培训的指定用板。

从图 2-1 中可以看出，其资源十分丰富，参考不同的应用场景，设计配备了丰富的接口和外设模块，使得很多 NB-IoT 的场景都可在此板上进行开发和功能验证，方便了不同应用场景的设计和原型开发。本节将针对主要用到的模块和电路进行介绍。

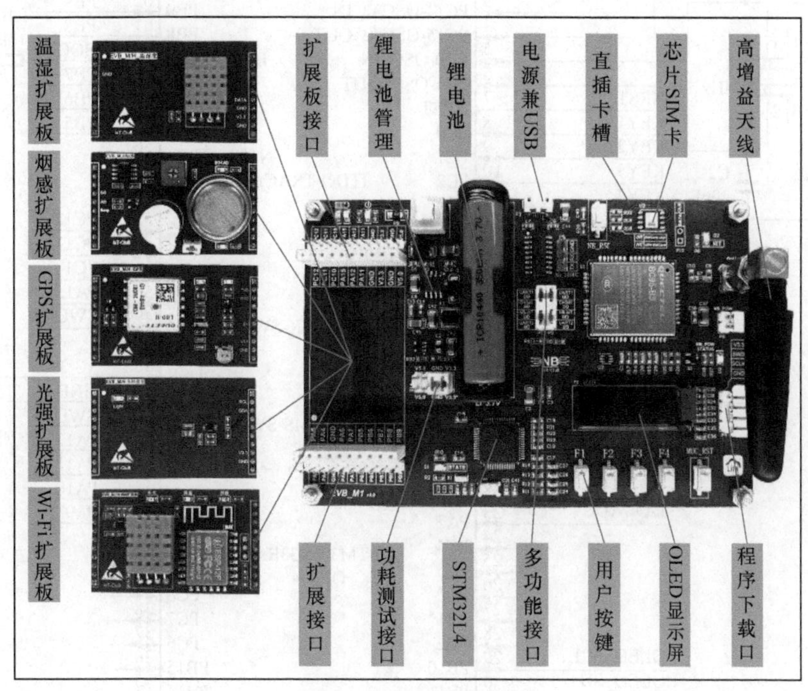

图 2-1 EVB_M1 开发板

该开发板规格为 8cm × 12cm，具体搭载硬件如下。

（1）CPU（中央处理器）采用由意法半导体生产的 STM32L431RCT6 芯片。该芯片是一款低功耗的 ARM Cortex32 位芯片，包含 256KB 的 Flash 存储（闪存），SRAM（静态随机存取存储器）的存储空间大小为 64KB，处理速度可达 100DMIPS（整数计算的每秒百万指令数为 100），主频 80MHz。

（2）1 个 USB 串口。

（3）1 个有机发光二极管（OLED），可用于显示调试信息等。

（4）4 个功能按键，可用于与外界交互。

（5）1 个扩展接口，用于扩展不同的传感器。

2.1.1 单片机电路

单片机电路是指用最少元器件组成的可正常工作的单片机系统，其最小系统由电源、单片机、晶振、复位电路、程序烧录口组成。单片机电路原理图如图 2-2 所示。

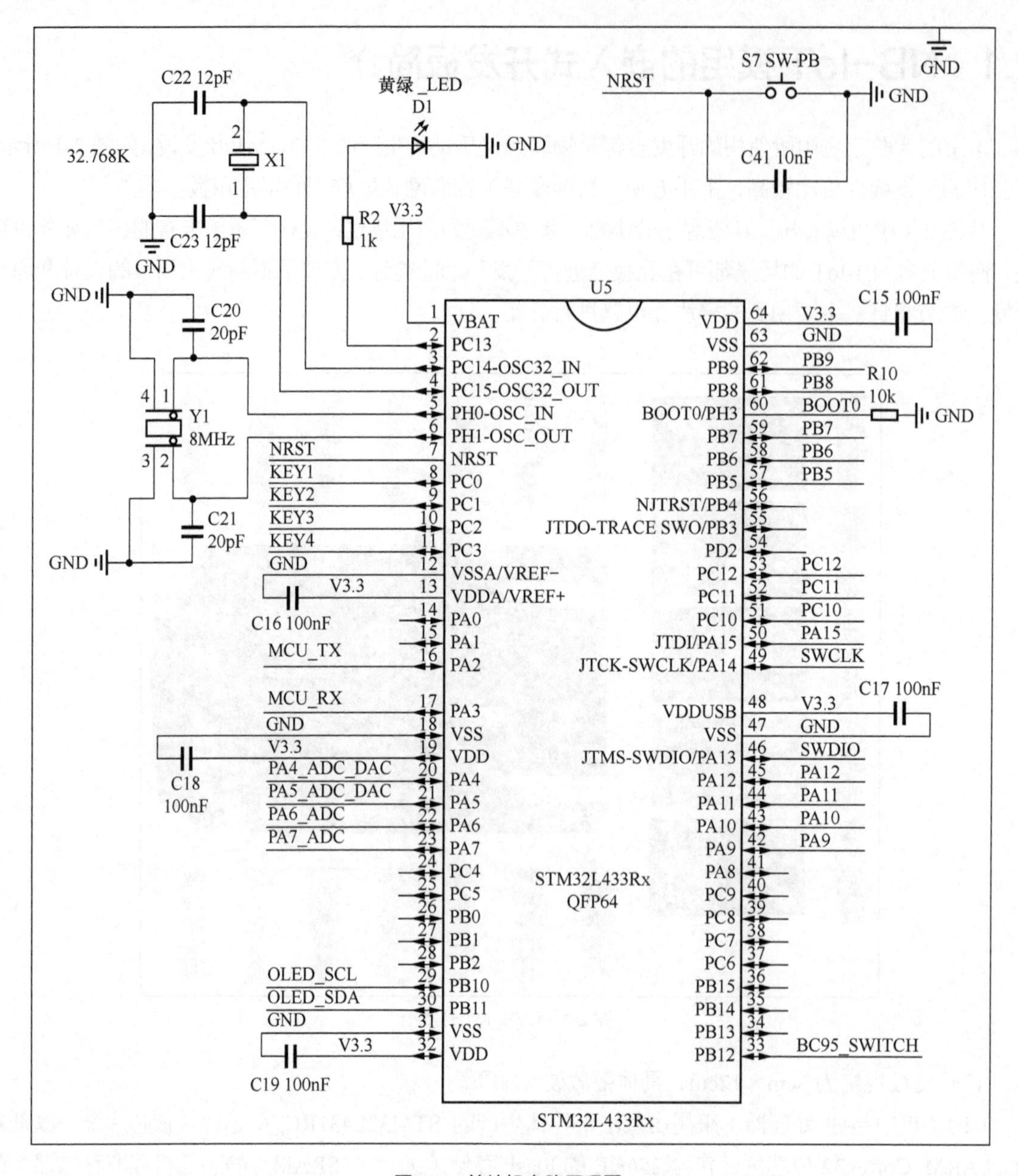

图 2-2　单片机电路原理图

晶振可为内部晶振或外部晶振，通过软件配置完成。复位电路可使电路恢复到起始状态。程序烧录口需要注意接线端子，常使用的是 SWD 四线接口，分别为 VCC、GND、SWDIO 和 SWCLK。

2.1.2　OLED 液晶显示

OLED 液晶显示模块用来向用户显示系统状态、参数或者要输入系统的功能。为了展示良好的视觉效果，模块使用 SSD1306 驱动的 OLED 显示屏，分辨率为 128×32 像素。SSD1306 芯片专为共阴极 OLED 面板设计，减少了外部器件和功耗，有 256 级亮度控制。OLED 液晶显示电路原理图如图 2-3 所示。

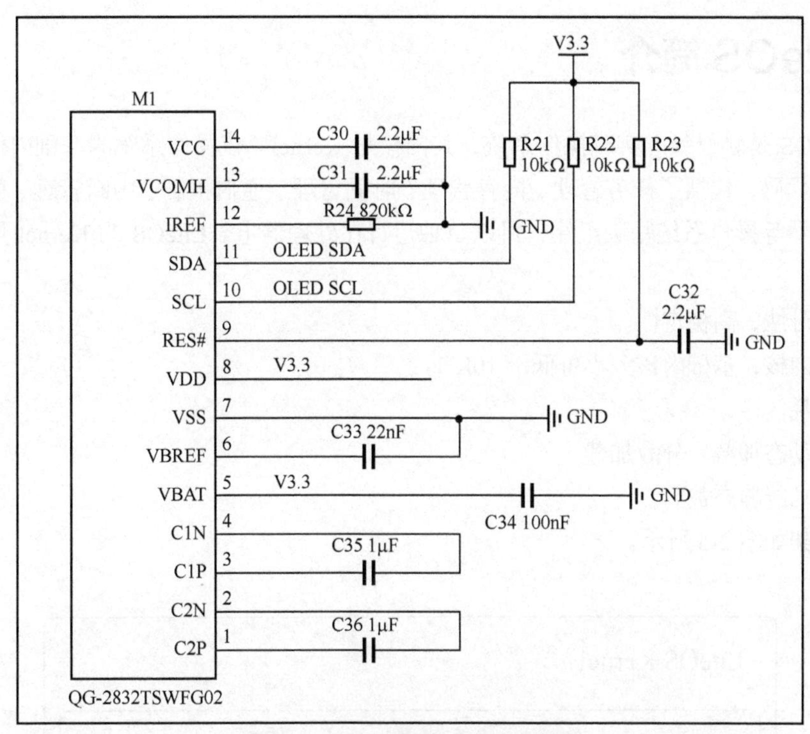

图 2-3 OLED 液晶显示电路原理图

2.1.3 扩展接口电路

扩展接口是 EVB_M1 为了适应广大开发者扩展需求而预留的Ω接口，这些接口可以连接 EVB_M1 的扩展板，也可以单独使用 MCU 对应引脚的功能，接入自己的传感器或者其他控制电路。扩展接口电路原理图如图 2-4 所示。扩展接口更详细的功能，需要结合 STM32CubeMX 使用。

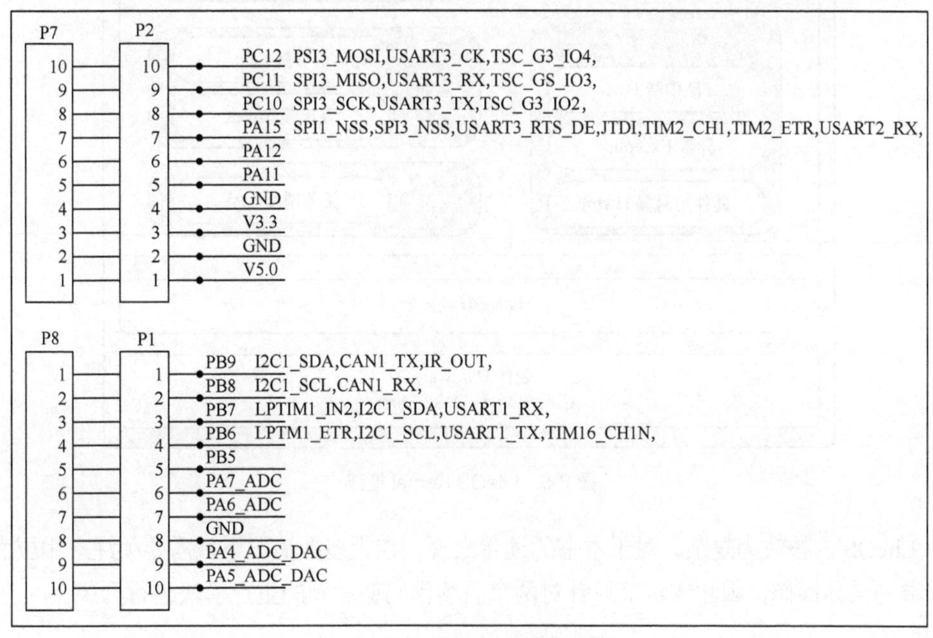

图 2-4 扩展接口电路原理图

2.2 LiteOS 简介

华为 LiteOS 是轻量级的实时操作系统，其内核是 Kernel。该操作系统的基础内核是精简的嵌入式操作系统代码，包括了任务管理、内存管理、时间管理、通信机制、中断管理、队列管理、事件管理、定时器等操作系统基础组件，可以单独运行在处理器上。LiteOS 的 Kernel 具有以下 5 大优势。

（1）高实时性、高稳定性。

（2）超小内核，基础内核大小可低于 10KB。

（3）低功耗。

（4）支持动态加载、分散加载。

（5）支持功能静态裁剪。

其基本框架如图 2-5 所示。

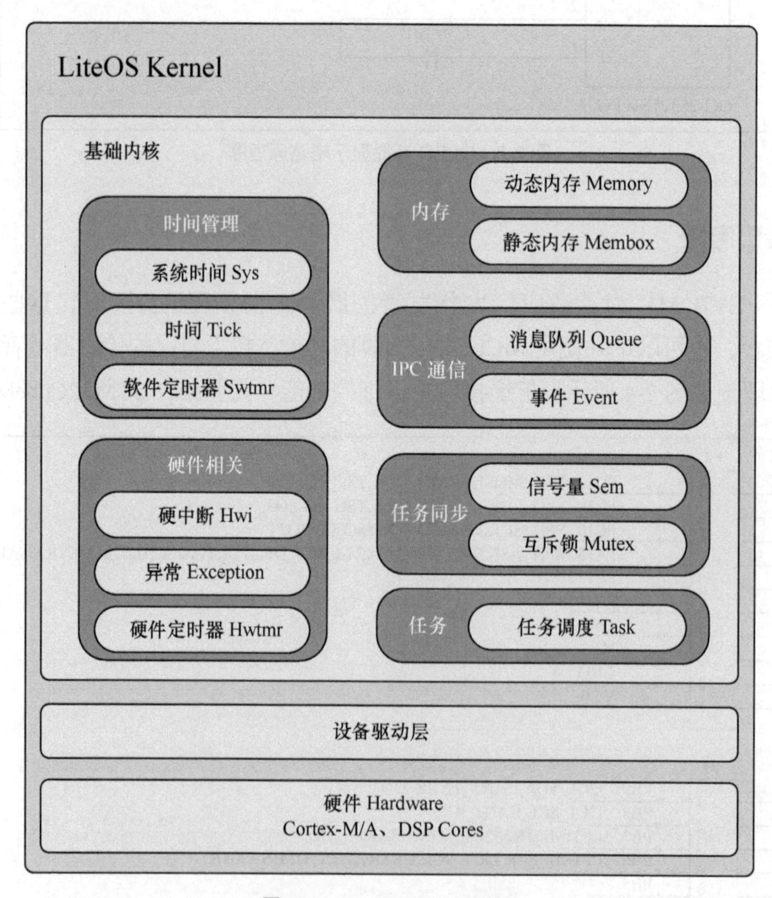

图 2-5　LiteOS Kernel 框架

由于 LiteOS 内核较为复杂，对于本书的读者来说，在大多数情况下只需要关注应用层面及嵌入式设备终端的具体操作，因此本章节只针对两个后续代码使用到的重点模块进行介绍。

2.2.1 任务模块

从系统的角度看，任务是竞争系统资源的最小运行单元。任务可以使用或等待 CPU、使用内存空间等系统资源，并独立于其他任务运行。LiteOS 的任务模块可以给用户提供多个任务，实现任务之间的切换和通信，帮助用户管理业务程序流程。这样用户可以将更多的精力投入到业务功能的实现中。

LiteOS 是一个支持多任务的操作系统。在 LiteOS 中，一个任务表示一个线程。LiteOS 中的任务调度机制是抢占式调度机制，同时支持时间片轮转调度方式。高优先级的任务可打断低优先级任务，低优先级任务必须在高优先级任务阻塞或结束后才能得到调度。LiteOS 的任务一共有 32 个优先级（0～31），其中最高优先级为 0，最低优先级为 31。

1. 任务状态

LiteOS 系统中的每一个任务都有多种运行状态。系统初始化完成后，创建的任务就可以在系统中竞争一定的资源，由内核进行调度。任务状态通常分为以下 4 种，各状态之间可相互切换，如图 2-6 所示。

（1）就绪态（Ready）：该任务在就绪列表中，只等待 CPU。

（2）运行态（Running）：该任务正在执行。

（3）阻塞态（Blocked）：该任务不在就绪列表中，包含任务被挂起，任务被延时，任务正在等待信号量、读写队列或者读写事件等。

（4）退出态（Dead）：该任务运行结束，等待系统回收资源。

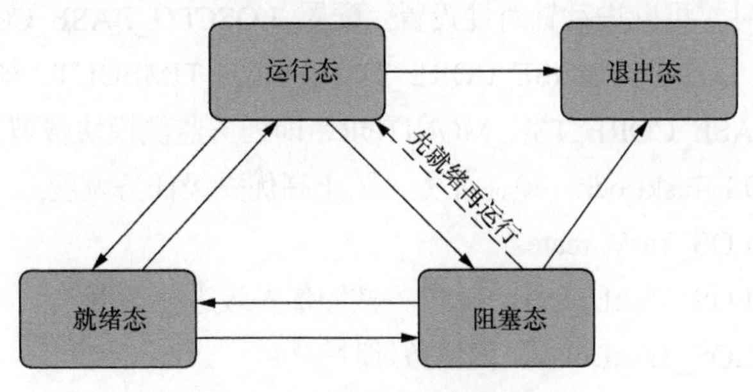

图 2-6　任务状态切换示意图

2. 任务常用概念解释

常见的任务函数涉及多个术语，为方便读者阅读，下面将常用的一些任务术语做详尽的解释，包括任务 ID、任务优先级、任务入口函数、任务控制块（TCB）、任务栈、任务上下文和任务切换。

（1）任务 ID：在任务创建时通过参数返回给用户的标识。任务 ID 是任务的一个非常重要的标识。用户可以通过任务 ID 对指定任务进行任务挂起、任务恢复、查询任务名等操作。

（2）任务优先级：表示任务执行的优先顺序。任务的优先级决定了在发生任务切换时即将要执行的任务。在就绪列表中的最高优先级的任务将得到执行。

（3）任务入口函数：每个新任务得到调度后将执行的函数。该函数由用户实现，在任务创建时，通过任务创建结构体指定。

（4）任务控制块（TCB）：每一个任务都含有一个任务控制块（TCB）。TCB 包含了任务上下文栈指针（stack pointer）、任务状态、任务优先级、任务 ID、任务名、任务栈大小等信息。TCB 可以反映出每个任务运行情况。

（5）任务栈：每一个任务都拥有一个独立的栈空间，被称为任务栈。栈空间里保存的信息包含局部变量、寄存器、函数参数、函数返回地址等。任务在任务切换时会将切出任务的上下文信息保存在自身的任务栈空间里面，以便任务恢复时还原现场，从而在任务恢复后在切出点继续开始执行。

（6）任务上下文：任务在运行过程中使用到的一些资源，如寄存器等，被称为任务上下文。当这个任务挂起时，其他任务继续执行，在任务恢复后，如果没有把任务上下文保存下来，有可能任务切换会修改寄存器中的值，从而导致未知错误。因此，LiteOS 在任务挂起的时候会将本任务的任务上下文信息保存在自己的任务栈里面，以便任务恢复后，从栈空间中恢复挂起时的上下文信息，从而继续执行被挂起时中断的代码。

（7）任务切换：任务切换包含获取就绪列表中最高优先级任务、切出任务上下文保存、切入任务上下文恢复等动作。

3. 开发流程及运作机制

任务的开发原理及运作机制可分为以下几个步骤。

（1）在 los_config.h 中配置任务模块。

配置 LOSCFG_BASE_CORE_TSK_LIMIT，即系统支持最大任务数，可根据需求进行配置。配置 LOSCFG_BASE_CORE_TSK_IDLE_STACK_SIZE，即空闲（IDLE）任务栈大小，选择默认即可。配置 LOSCFG_BASE_CORE_TSK_DEFAULT_STACK_SIZE，即默认任务栈大小，根据用户需求进行配置，在用户创建任务时，可以进行针对性设置。配置 LOSCFG_BASE_CORE_TIMESLICE，即时间片开关为 YES。配置 LOSCFG_BASE_CORE_TIMESLICE_TIMEOUT，即时间片，根据实际情况配置。配置 LOSCFG_BASE_CORE_TSK_MONITOR，即任务监测模块裁剪开关，可选择是否打开。

（2）执行锁任务 LOS_TaskLock，锁住任务，防止高优先级任务调度。

（3）执行创建任务 LOS_TaskCreate。

（4）执行解锁任务 LOS_TaskUnlock，让任务按照优先级进行调度。

（5）执行延时任务 LOS_TaskDelay，使任务延时等待。

（6）执行挂起指定的任务 LOS_TaskSuspend，使任务挂起等待恢复操作。

（7）执行恢复挂起的任务 LOS_TaskResume。

4. 常用函数功能

本节将列举后续开发中常用的几个任务函数，便于大家理解 LiteOS 任务的调度过程，通过示例代码的方式，使读者理解 LiteOS 中任务的运行机理，见表 2-1。

表 2-1　　常见的任务函数

类型	名称	说明
任务创建和删除	LOS_TaskCreateOnly	创建任务，并使该任务进入 suspend 状态，并不调度
	LOS_TaskCreate	创建任务，并使该任务进入 ready 状态，并调度
	LOS_TaskDelete	删除指定的任务
任务状态控制	LOS_TaskResume	恢复挂起的任务

续表

类型	名称	说明
任务状态控制	LOS_TaskSuspend	挂起指定的任务
	LOS_TaskDelay	任务延时等待
	LOS_TaskYield	显式放权，调整指定优先级的任务调度顺序
任务调度控制	LOS_TaskLock	锁任务调度
	LOS_TaskUnlock	解锁任务调度
任务优先级控制	LOS_CurTaskPriSet	设置当前任务的优先级
	LOS_TaskPriSet	设置指定任务的优先级
	LOS_TaskPriGet	获取指定任务的优先级

5. 示例代码

下面的代码展示了优先级不同的任务之间的调用关系。

```
static UINT32 g_uwTskHiID;
static UINT32 g_uwTskLoID;
#define TSK_PRIOR_HI 4
#define TSK_PRIOR_LO 5
static UINT32 Example_TaskHi (VOID)
{
UINT32 uwRet = LOS_OK;
dprintf ("Enter TaskHi Handler.\r\n");
/*延时 5 个 Tick，延时后该任务会挂起，执行剩余任务中高优先级的任务（g_uwTskLoID 任务）*/
uwRet = LOS_TaskDelay (5);
if (uwRet != LOS_OK)
{
dprintf ("Delay Task Failed.\r\n");
return LOS_NOK;
}
/*2 个 Tick 时间到了后，该任务恢复，继续执行*/
dprintf ("TaskHi LOS_TaskDelay Done.\r\n");
/*挂起自身任务*/
uwRet = LOS_TaskSuspend (g_uwTskHiID);
if (uwRet != LOS_OK)
{
dprintf ("Suspend TaskHiFailed.\r\n");
uwRet = LOS_InspectStatusSetByID (LOS_INSPECT_TASK,LOS_INSPECT_STU_ERROR);
if (LOS_OK != uwRet)
{
dprintf ("Set Inspect Status Err\n");
}
return LOS_NOK;
}
dprintf ("TaskHi LOS_TaskResume Success.\r\n");
uwRet = LOS_InspectStatusSetByID (LOS_INSPECT_TASK,LOS_INSPECT_STU_SUCCESS);
if (LOS_OK != uwRet)
{
```

```
dprintf("Set Inspect Status Err\n");
}
/*删除任务*/
if(LOS_OK != LOS_TaskDelete(g_uwTskHiID))
{
dprintf("TaskHi delete failed .\n");
return LOS_NOK;
}
return LOS_OK;
}
/*低优先级任务入口函数*/
static UINT32 Example_TaskLo(VOID)
{
UINT32 uwRet;
dprintf("Enter TaskLo Handler.\r\n");
/*延时 10 个 Tick，延时后该任务会挂起，执行剩余任务中高优先级的任务（背景任务）*/
uwRet = LOS_TaskDelay(10);
if (uwRet != LOS_OK)
{
dprintf("Delay TaskLoFailed.\r\n");
return LOS_NOK;
}
dprintf("TaskHi LOS_TaskSuspend Success.\r\n");
/*恢复被挂起的任务 g_uwTskHiID*/
uwRet = LOS_TaskResume(g_uwTskHiID);
if (uwRet != LOS_OK)
{
dprintf("ResumeTaskHiFailed.\r\n");
uwRet = LOS_InspectStatusSetByID(LOS_INSPECT_TASK,LOS_INSPECT_STU_ERROR);
if (LOS_OK != uwRet)
{
dprintf("Set Inspect Status Err\n");
}
return LOS_NOK;
}
/*删除任务*/
if(LOS_OK != LOS_TaskDelete(g_uwTskLoID))
{
dprintf("TaskLo delete failed .\n");
return LOS_NOK;
}
return LOS_OK;
```

2.2.2 中断介绍

中断是指在需要时，CPU 暂停执行当前程序，转而执行新程序的过程。即在程序运行过程中，系统出现了一个必须由 CPU 立即处理的事务。此时，CPU 暂时中止当前程序的执行转而处理这个事务，这个过程就叫作中断。众多周知，CPU 的处理速度比外部设备（简称“外设”）的运行速度快很多,外设可以在没有 CPU 介入的情况下完成一定的工作,但某些情况下需要 CPU 为其做一定的工作。通过中断机制，在外设不需要 CPU 介入时，CPU 可以执行其他任务，而当外设需要 CPU 时，通过产生中断信号使 CPU 立即中断当前任务来响应中断请求。这样可以使 CPU 避免把大量时间耗费在等待、查询外设状态的操作上，因此将大大提高系统实时性及执行效率。

1. 中断相关名词解释

函数中断是嵌入式系统的常用功能。下面介绍几个中断操作中常用的术语。

（1）中断号：每个中断请求信号都会有特定的标识，使得计算机能够判断是哪个设备提出的中断请求，这个标识就是中断号。

（2）中断请求："紧急事件"需向 CPU 提出申请（发一个电脉冲信号），要求中断，即要求 CPU 暂停当前执行的任务，转而处理该"紧急事件"，这一申请过程称为中断请求。

（3）中断优先级：为使系统能够及时响应并处理所有中断，系统根据中断事件的重要性和紧迫程度，将中断源分为若干个级别，称作中断优先级。LiteOS 支持中断控制器的中断优先级及中断嵌套，同时中断管理未对优先级和嵌套进行限制。

（4）中断处理程序：当外设产生中断请求后，CPU 暂停当前的任务，转而响应中断申请，即执行中断处理程序。

（5）中断触发：中断源发出并传送给 CPU 控制信号，将接口卡上的中断触发器置为"1"，表明该中断源产生了中断，要求 CPU 响应该中断。CPU 暂停当前任务，执行相应的中断处理程序。

（6）中断触发类型：外部中断请求通过一个物理信号发送到 NVIC（嵌套向量中断控制器），可以是电平触发或边沿触发。

（7）中断向量：中断服务程序的入口地址。

（8）中断向量表：存储中断向量的存储区。中断向量与中断号对应，中断向量在中断向量表中按照中断号顺序存储。

2. 内置中断函数介绍

LiteOS 系统中的中断模块为用户提供以下几种中断函数，见表 2-2。

表 2-2　常用中断函数

接口名	描述
LOS_HwiCreate	硬中断创建，注册硬中断处理程序
LOS_IntUnLock	开中断
LOS_IntRestore	恢复到关中断之前的状态
LOS_IntLock	关中断
LOS_HwiDelete	硬中断删除

3. 开发流程

中断过程的开发流程如下所示。

（1）修改配置项。

（2）打开硬中断裁剪开关：将 LOSCFG_PLATFORM_HWI 定义为 YES。

（3）配置硬中断使用最大数：LOSCFG_PLATFORM_HWI_LIMIT。

（4）调用中断初始化 LOS_HwiInit 接口。

（5）调用中断创建接口 LOS_HwiCreate 创建中断，根据需要使能指定中断。

（6）调用 LOS_HwiDelete 删除中断。

4. 示例代码

本实例实现如下功能：初始化硬件中断、中断注册、触发中断及查看打印结果。

```
static void Example_Exti0_Init()
{
/*add your IRQ init code here*/
return;
}
static VOID User_IRQHandler(void)
{
dprintf("\n User IRQ test\n");
//LOS_InspectStatusSetByID(LOS_INSPECT_INTERRUPT,LOS_INSPECT_STU_SUCCESS);
return;
}
UINT32 Example_Interrupt(VOID)
{
UINTPTR uvIntSave;
uvIntSave = LOS_IntLock();
Example_Exti0_Init();
LOS_HwiCreate(6, 0,0,User_IRQHandler,0);//创建中断
LOS_IntRestore(uvIntSave);
return LOS_OK;
}
```

2.3 华为云物联网平台简介

华为云物联网平台在各式各样的物联网解决方案中扮演了物联网平台层的角色，其具有以下几个能力。

（1）提供设备接入能力，实现千万级并发连接、高并发消息通信。

（2）提供设备统一认证鉴权能力。

（3）提供大数据存储能力。

（4）提供数据实时分析能力。

（5）提供高性能数据计算能力。

（6）提供统一开放接口供上层应用调用。

通俗来讲，华为云物联网平台作为各类传感器接入的中间平台，不仅能收集各终端设备的上报信息，还可以作为命令中转平台将指令发送到相关设备。由于物联网设备众多，相关协议也各不统一，如何将各厂商不同类型和不同功能的设备接入华为云物联网平台，是该平台要解决的重点问题之一。另外华为云物联网平台的便捷之处在于，对于没有代码开发能力的人员来说，其提供的图形化编辑模式，大大降低了设备入网的条件和门槛，可以让更多的开发者快速高效地将所要管控的设备轻松接入平台进行管理。

图 2-7 所示是华为云物联网平台数据传输路线，包含以下 6 个操作。

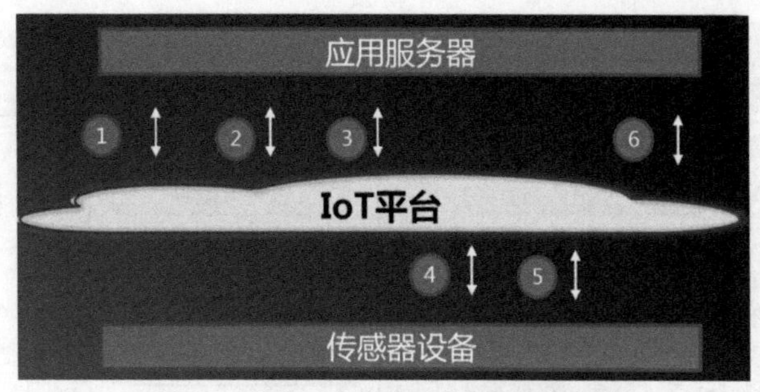

图 2-7　华为云物联网平台数据传输路线

（1）应用端登录华为云物联网平台。

（2）应用端向华为云物联网平台注册设备。

（3）应用端添加或更改设备信息。

（4）设备端绑定平台。

（5）设备端上报数据到平台。

（6）应用端查询数据。

上述 6 个操作中，1、2、3、6 属于应用端，也就是北向开发（处于华为云物联网平台北侧，所以称之为北向）；剩下的 4 和 5 则属于南向操作。本节将重点介绍南向操作。

2.3.1　Profile 开发工具

在南向开发过程中，开发者使用华为云物联网平台集成设备时需要准备该设备的“能力描述”文件，即设备的 Profile 文件。它用来描述这个设备的“Who/What/How”问题，也就是这个设备是什么，这个设备可以做什么，以及如何控制这个设备。

如图 2-8 所示，系统内置的 Profile 图形化开发工具就是一个设备编辑器，类似于面向对象编程语言中的实例化对象。通过图形化的输入工作，开发工具在云端描述一个物联网设备的相关属性和功能（功能一般为平台对设备发出的命令或指令）。Profile 特性描述如图 2-9 所示。因此开发者将关注于上层的业务设计，烦琐的底端通信握手协议和设备入网则由工具完成，比如 Profile 的格式检查、规范检查等，这样可以进一步提升应用开发的效率，降低开发成本。

属性列表

属性名称 Property Name	数据类型	范围	步长
Temp	int	0 ~ 65535	--
Humi	int	0 ~ 65535	--
Lumi	int	0 ~ 65535	--

命令列表

命令名称 Method
AgricultureControlLight

图 2-8　华为云物联网平台 Profile 图形化开发工具

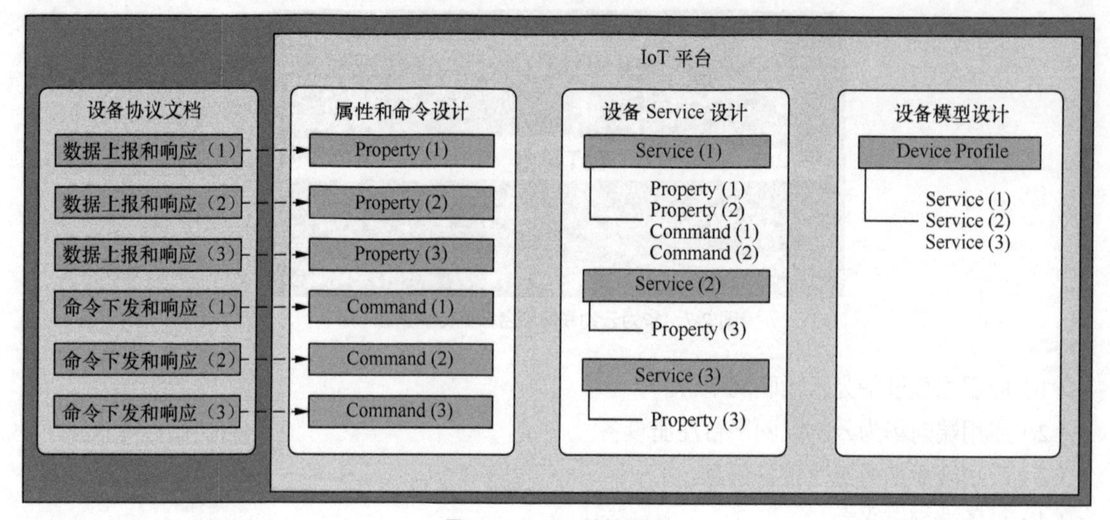

图 2-9　Profile 特性描述

2.3.2　编解码插件

编解码插件是用来将上报数据（16 进制数据）解码为 json 格式供服务器（App server）"阅读"，将下行命令（json 格式）编码为 16 进制格式供南向设备（UE）"理解执行"。编解码插件是打通消息到模型数据流的便捷工具。传统的编解码方式需要手动配置 json 等文件，任务烦琐且技术含量低，浪费了大量的开发时间。而编解码插件通过图形化及简单的连线方式自动地将云端模拟设备同物理设备按照 Profile 文件内容有效绑定到一起，大大提升了开发效率。

图 2-10 为编解码插件无码开发示意图。6 步可完成编解码无码开发。

（1）导入 Profile。

（2）添加消息。

（3）为消息增加字段。

（4）建立消息字段和 Profile 属性的映射关系。

（5）进行单元测试。

（6）自动部署插件。

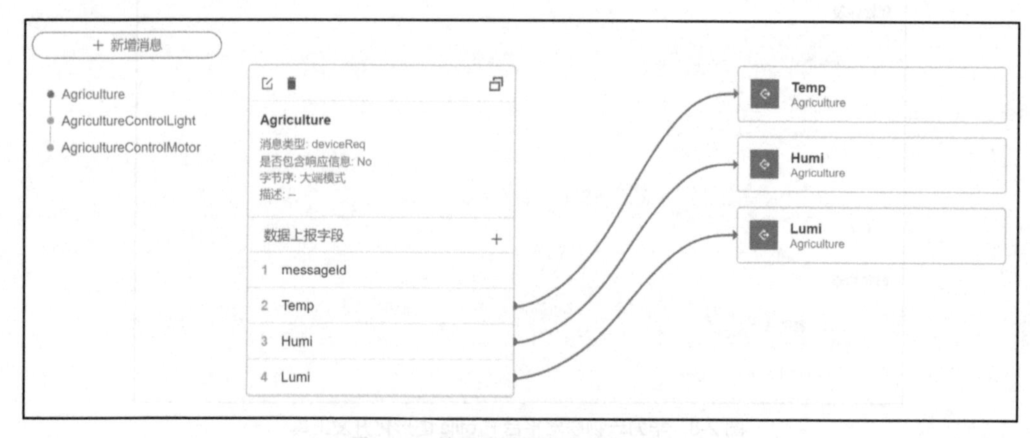

图 2-10　编解码插件无码开发示意图

2.3.3　在线测试

将设备在华为云物联网平台创建完成后，可采用两种方式进行调试，一种是虚拟在线测试，一种是真实设备应用测试。

其中虚拟在线测试可分两个方向进行测试，一个方向是模拟应用对设备进行测试，另一个方向是模拟设备对应用的功能进行测试，分别称为应用模拟器和设备模拟器。设备模拟器原理是使用华为云物联网平台内置的设备模拟器，无须真实设备，模拟 NB-IoT 等终端按照 Profile 的规范同应用端进行交互通信，查看数据及指令传输是否正常。此时尽管用户的应用端尚未开发好，也可通过模拟器完成应用的全部功能调试，包括但不限于注册设备、删除设备、设备状态推送、设备数据上报的配置、接受设备命令等，极大提升了开发效率，并减少了产品测试中的问题。同理，在华为云物联网平台也可以模拟应用对已有的设备进行全部功能测试。

而真实设备应用测试就可以利用上文介绍的 EVM 开发板加上不同的应用传感器，通过将代码烧录到板卡中，进行真实的 NB-IoT 设备调试。整体的开发流程如下。

（1）在华为云物联网平台上进行 Profile 开发及编解码插件部署。

（2）将传感器连接到开发板上，通过编写代码将传感器数据上传到华为云物联网平台，并与华为云物联网平台定义好的设备绑定。

（3）在华为云物联网平台上开启应用模拟器，通过监控传感器相关数据对开发板上的执行器进行控制等操作。

2.4　总结

1. 总结

本章通过介绍华为物联网 EVM 开发板、华为 LiteOS 操作系统及华为云物联网平台，为后续的实验案例奠定基础。LiteOS 操作系统运行在 EVM 板卡上，开发板通过 NB-IoT 模块将传感器收集的数据传输到华为的华为云物联网平台。与此同时，开发者需要在华为云物联网平台上定义 Profile 文件，并根据此文件，将真实设备同华为云物联网平台上的模型数据流打通。最后开发者可以通过已开发的北向设备（应用）或者华为云物联网平台集成的模拟应用工具实现对设备端传感器所收集的数据的显示、上报或者其他数据分析等功能，还可以对设备端执行控制命令，比如电机转动、开关控制等，这样就实现了完整的数据通路。

2. 展望

后续的章节案例中我们会用到本章涉及的所有平台，编者将在实践中带领读者进一步掌握工具及软件的使用。本章只介绍了通用的软硬件平台，后续涉及的非通用的软硬件工具编者将在具体的案例中具体介绍。

03 第3章　基于华为云物联网平台的部分智能家居系统实现

本章将以智能家居平台为实例，具体介绍如何将智能门禁与智能灯控接入华为云物联网平台，将具体讲述华为云物联网平台的使用开发、硬件结构的搭建及移动客户端的开发。通过本案例的学习，我们可以用最便捷的方式搭建一套以 LiteOS 为基础，以华为云物联网平台为数据收集平台，以小程序为呈现方式的完整系统方案。通过本章的学习，我们将会掌握物联网系统的快速设计能力。

3.1　背景与需求分析

本节将从案例背景、需求分析、案例内容、软件开发环境来分析此实验案例的可行性，同时介绍项目开发需要准备的实验环境，并在最后介绍文中使用到的相关术语，以便于读者理解。

3.1.1　案例背景

随着物联网技术的逐渐强大和不断发展，智能家居在日常生活中的应用也日渐广泛。作为物联化的重要体现，智能家居系统通过各种网络方式的交互和控制，将家中的一系列设备联系在一起，使用户能够通过终端轻易地对家中的各类环境因素或各种设备的工作状态进行实时的监视、探测或控制。这种科技性与人性化的结合，适应了现代社会发展的需要，为人们的生活和工作创造了舒适的体验，提供了很大的便利。

智能门禁作为智能家居系统中非常重要的几个部分之一，对人们居住环境的安全性和出入的便利性有着重要意义。而智能灯控对于智能家居系统来说，更是不可或缺的一个部分。本案例将不仅实现单独的门禁系统与灯控系统，也将两者通过云端进行互联，使得用户在开门后可以继续享受灯控系统的服务。通过不同系统的交叉控制，人们不仅可以享受单独的服务体验，也可以感受到更加人性化的服务，这是创造生活方式多样性与便利性的重要体现。

3.1.2　需求分析

随着科技的发展和生活的多样化，目前一些传统家居环境已经难以满足人们的要求。

传统门禁一般仅仅采用钥匙来解锁，当钥匙遗失时，如何开门就会变成一个很大的问题，同时，传统门禁缺乏对门锁状态的监控，安全程度较低，常常会发生门被撬导致家中失窃等不安全事件。而基于物联网的智能门禁系统则可以解决这个问题。

通过手机微信登录小程序之后，用户即可用程序对门锁的开关进行控制，即便自身手机遗失，也可通过同伴的手机进行登录控制。同时，由于可以进行远程解锁，也可让家人远程帮我们解锁或者我们远程帮家人解锁。此外，由于可以实时监测门锁的状态，门禁的安全性将大大提高，一旦发现有非法开门等情况发生，即可快速采取报警的措施，以减小损失。因此，智能门禁对传统门禁的替代可以说是趋势所在。

而对于灯光，现阶段人们在家里进行的活动越来越多样，不同的生活场景对灯光效果，尤其是亮度等有着不同的要求，传统装修方案中单一的灯光布局已经远远不能满足现代家庭生活的需求。当然，也有一些新兴的装修策略来满足这一需求，如在客厅四周安装多个射灯，以灯阵来满足照明需求，或者在卧室弱化顶灯，强化床头阅读灯的布局设计等。这些虽然在一定程度上满足了用户根据生活场景不同来选择不同的照明效果的需求，但是装修初期布线吊顶较为复杂，且需要多个开关单独控制才能满足这种需求。

因此，智能灯光系统的运用可谓势在必行。所有灯光的控制用手机集中完成，并且小程序内自带的灯光数据分析与推荐模式，可以自动为用户匹配个性化的灯光照明方案，从而免去调节灯光的麻烦。在进行家居装修时，只需留有集成控制面板而不需要大量开关，就可以在为人们的生活带来便利的同时，也用科技提升了人们的生活质量。

3.1.3 案例内容

本案例是一个针对家居生活智能化及网络化优化的设计方案，方案针对的群体是现代化社会中追求高品质、人性化、个性化生活的家庭，希望能够通过向运营者推广我们的方案来支持案例的开发与运营。

本案例以物联网传输技术为基础，以华为云物联网平台作为技术骨架，以期通过对于传统门禁和灯光系统的物联化改造，在实现智能门禁和智能灯控的同时做到两者的互联。门禁系统采用手机控制，安全性由手机的安全性来保证；灯控系统可以实现灯光亮灭、亮度、色温等调节，以适应不同场景的需要。同时门禁和灯控系统的互联可以做到用户开门后，灯光自动调节到用户习惯使用的效果。

本案例基于智能家居设备互联，构建一个移动客户端，让用户可以通过手机实现一体化控制，也可以通过网络远程监控家居情况和操控家居设备。

本案例的目标成果展现形式是改造后的门禁和灯光设备，以及后台运营平台和移动客户端实例，基本功能包括用户的智能解门禁，灯光调控和门禁、灯光互联等。

3.1.4 软件开发环境

本案例的开发工具包括：微信 Web 开发者工具、PyCharm、华为云物联网平台。

本案例的运行环境：Windows 10，64-bit。

3.1.5 名词解释

本案例中涉及以下专业名词的缩略语。

（1）IoT：Internet of Things 物联网。

（2）NB-IoT：Narrow Band Internet of Things 窄带物联网。

（3）API：Application Programming Interface 应用程序编程接口。

（4）RFID：Radio Frequency Identification 无线射频识别技术。

3.2 功能设计

本案例的功能设计主要包括 3 部分内容，即以 LiteOS 为核心的感知层（一般称为南向开发），以华为云物联网平台为平台的中间层，通过开发移动客户端对收集的数据进行管理的应用层（一般称为北向开发）。

3.2.1 系统架构

本案例的系统架构主要包括解决方案与技术实现。

1. 解决方案

窄带物联网（NB-IoT）是万物互联网络的一个重要分支。NB-IoT 构建于蜂窝网络，只消耗大约 180kHz 的带宽，可直接部署于 GSM 网络、UMTS 网络或 LTE 网络，以降低部署成本、实现平滑升级。NB-IoT 是物联网领域一个新兴的技术，支持低功耗设备在广域网的蜂窝数据连接，也被叫作低功耗广域网（LPWAN）。NB-IoT 支持待机时间长、对网络连接要求较高的设备的高效连接。据估测 NB-IoT 设备电池寿命可以提高至少 10 年，同时 NB-IoT 还能提供非常全面的室内蜂窝数据连接覆盖。

NB-IoT 正在全球飞速发展，华为作为行业领先者，率先发布了商用芯片和网络版本，并已经在全球建成了超过 30 万张 NB-IoT 的商用网络，拥有比较成熟的技术，因此，我们选择采用华为“1+2+1”的物联网解决方案，南向设备为以单片机为核心的智能门锁、智能灯光及 NB-IoT 模组组成的系统，北向应用为当前比较流行的微信小程序，并通过华为云物联网云平台，实现南北向数据互通互联，以实现整个智能家居中的智能门锁与灯光的功能。

2. 技术实现

本案例采用华为的“1+2+1”物联网解决方案，如图 3-1 所示。

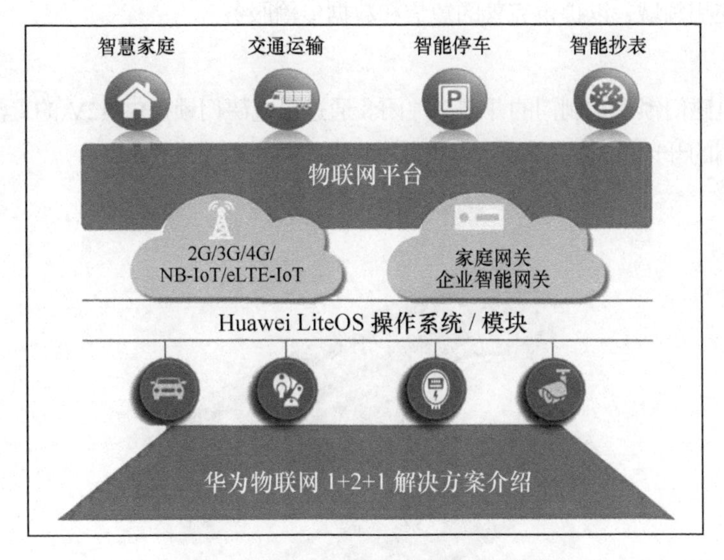

图 3-1　华为“1+2+1”　物联网解决方案

南向设备由单片机加上电磁门锁、程控阵列灯光、温度传感器及湿度传感器，加上 NB-IoT 模组构成。其中，电磁门锁、程控阵列灯光的状态实时受到单片机的检测与控制，温、湿度传感器可以监测当前房屋内的温、湿度情况。而 NB-IoT 模组则用于与基站连接，从而向华为云物联网平台上报数据，或者接收平台下发的命令。北向应用使用微信 Web 开发者工具实现小程序的开发，结合腾讯云平台进行开发者服务器和环境依赖部署，申请新浪云服务器作为华为云物联网平台调用的代理服务器。而华为云物联网平台则充当中间连接的作用，将南向设备上报的数据储存起来，并为北向应用提供 API 来调用和使用；同时将北向应用下发的命令储存起来，然后适时地发送给南向设备。

3.2.2 硬件架构（南向）

本案例的硬件架构包括 NB476 开发板、BC95 模组、电磁门锁、DC-DC 升压模块和 WS2812B 彩灯模块。

1. NB476 开发板

本案例选用了 NB476 开发板作为核心硬件。NB476 开发板是基于 ST（意法半导体）低功耗系列 STM32L476RGT6 微控制器、物联网模块 NB-IoT、华为 LiteOS 操作系统设计的开发板，包含多种传感器等外设资源。

2. BC95 模组

BC95 模组是一款高性能、低功耗的 NB-IoT 无线通信模块。其尺寸仅为 23.6mm × 19.9mm × 2.2mm，能最大限度地满足终端设备对小尺寸模块产品的需求，有效帮助客户减小产品尺寸，并降低产品成本。BC95 模组在设计上兼容移远通信 GSM/GPRS 系列的 M35 模块，方便客户快速、灵活地进行产品设计和升级。

凭借紧凑的尺寸、超低功耗和超宽工作温度范围，BC95 模组成为物联网应用领域的常用模块，通常被用于无线抄表、共享单车、智能停车、智慧城市、安防、资产追踪、智能家电、农业和环境监测及其他诸多应用领域，以提供完善的短信和数据传输服务。

3. 电磁门锁

本案例使用电磁门锁来控制门的开启与关闭。通过给电磁门锁提供 12V 的直流电让装置内的继电器工作，实现门的开闭，从而实现门禁功能。电磁门锁如图 3-2 所示。

图 3-2 电磁门锁

4. DC–DC 升压模块

我们拟用单片机 IO 口的输出来控制锁的开关，但单片机 IO 口输出电压只有 3V，因此我们使用 DC-DC 升压模块，如图 3-3 所示，将单片机 3V 输出电压转换至 12V，用以控制上述电磁门锁的通断。

图 3-3　DC-DC 升压模块

5. WS2812B 彩灯模块

我们使用 WS2812B 彩灯模块来模拟一个可以改变色调与亮度的吊灯。WS2812B 彩灯模块是一个集控制电路与发光电路于一体的智能外控 LED 光源，如图 3-4 所示。其结构与 5050LED 灯珠相同，每个元件即为一个像素点。像素点内部包含了智能数字接口数据锁存信号整形放大驱动电路，还包含高精度的内部振荡器和 12V 高压可编程控制电流模块，有效保证了像素点光的颜色高度一致。

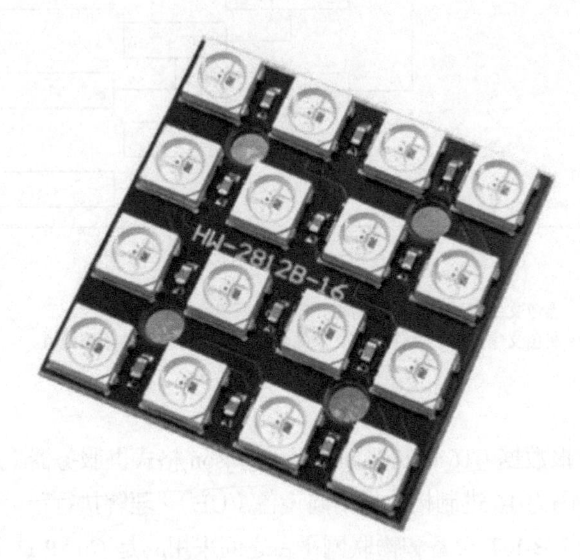

图 3-4　WS2812B 彩灯模块

3.2.3　管理平台（华为云物联网平台）

本案例涉及的华为云物联网管理平台部分主要包括 Profile 文件和编解码插件的开发与配置。

1. Profile 文件

开发者使用华为云物联网平台集成设备时，需要准备此设备的能力描述文件，即设备的 Profile

文件。设备的 Profile 文件是用来描述一款设备“是什么”“能做什么”及“应该如何控制”的文件。该文件会被上传到华为云物联网平台。

对设备类型、服务类型、服务标识，我们要采用首字母大写的命名法，如 MultiSensor、Switch；参数使用首字母小写、其余单词首字母大写的驼峰式命名法，如 paraName、dataType；命令使用所有字母大写、单词之间用下画线连接的格式，如 DISCOVERY，CHANGE_COLOR；设备能力描述 json 文件，固定命名为 devicetype-capability.json；服务能力描述 json 文件，固定命名为 servicetype-capability.json。

Profile 文件打包结构如图 3-5 所示。

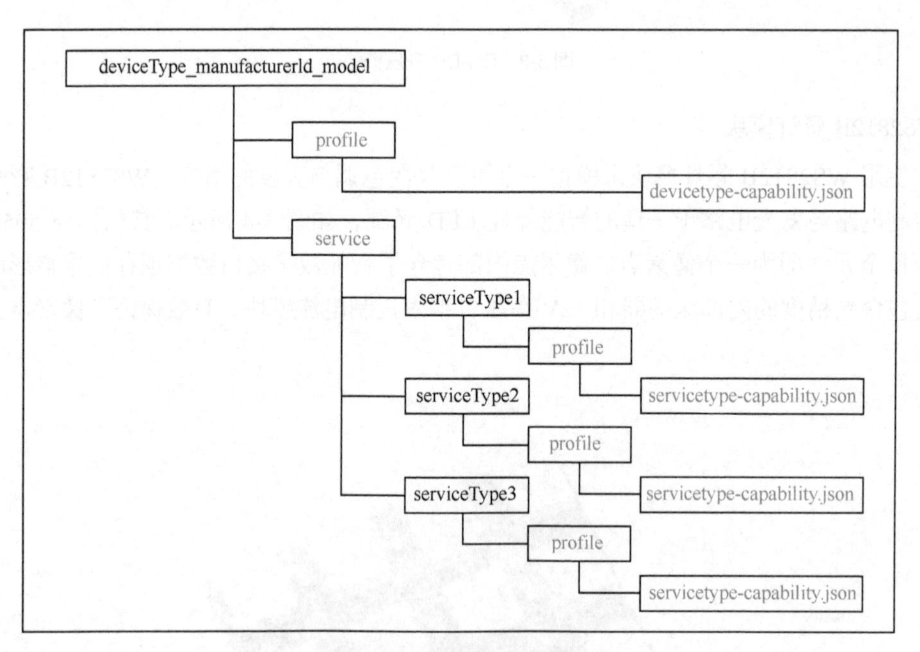

图 3-5 Profile 文件打包结构

- 黑色文字部分：文件夹名称，需要根据实际情况进行修改。
- 灰色文字部分：文件夹和文件的名称，不可修改，使用固定值。

2. 编解码插件

编解码插件用来将上报数据（16 进制数据）解码为 json 格式供服务器（App server）“阅读”，将下行命令（json 格式）编码为 16 进制格式供南向设备（UE）“理解执行”。

我们需要理解，华为 NB-IoT 设备和物联网平台之间采用的是 CoAP 这个协议进行通信。（注：在设备侧，CoAP 栈一般由 NB-IoT 芯片模组实现。）CoAP 消息的有效载荷（payload）为应用层数据，应用层数据的格式由设备自行定义。鉴于 NB-IoT 设备一般对省电要求较高，所以应用层数据一般不采用流行的 json 格式，而是采用十六进制格式或者 tlv 格式。

因此，设备厂商需要提供编解码插件，平台负责调用编解码插件，实现十六进制消息转 json 格式的功能，以提供给 App server 使用。

华为的编解码插件的整体方案如图 3-6 所示。通过上报编码、下发解码的运算操作进行数据传输。

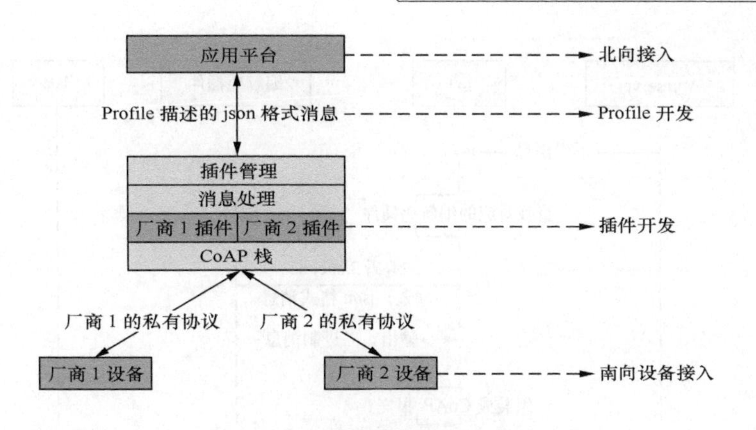

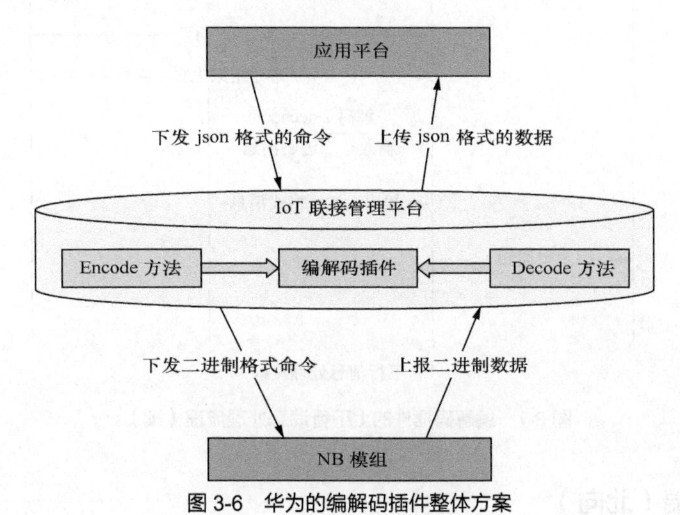

图 3-6　华为的编解码插件整体方案

如图 3-7 所示，(a) 为编解码插件的上行消息处理流程，(b) 为编解码插件的下行消息处理流程。

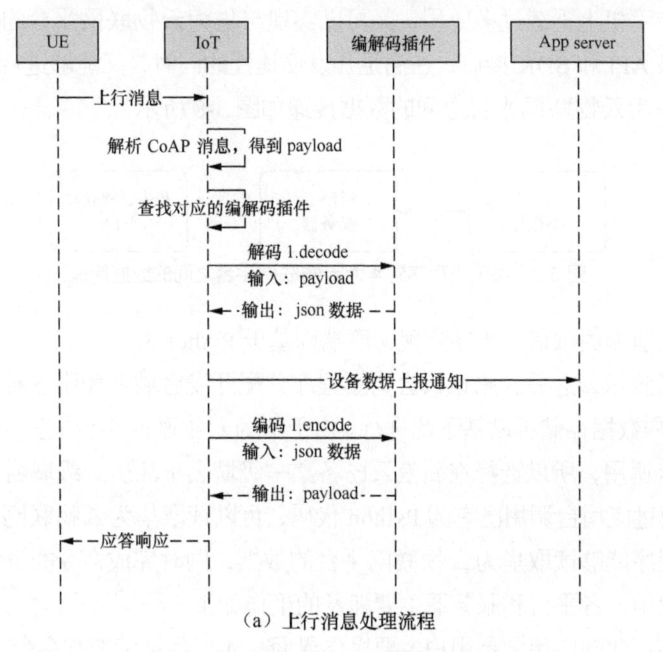

(a) 上行消息处理流程

图 3-7　编解码插件的上下行消息处理流程

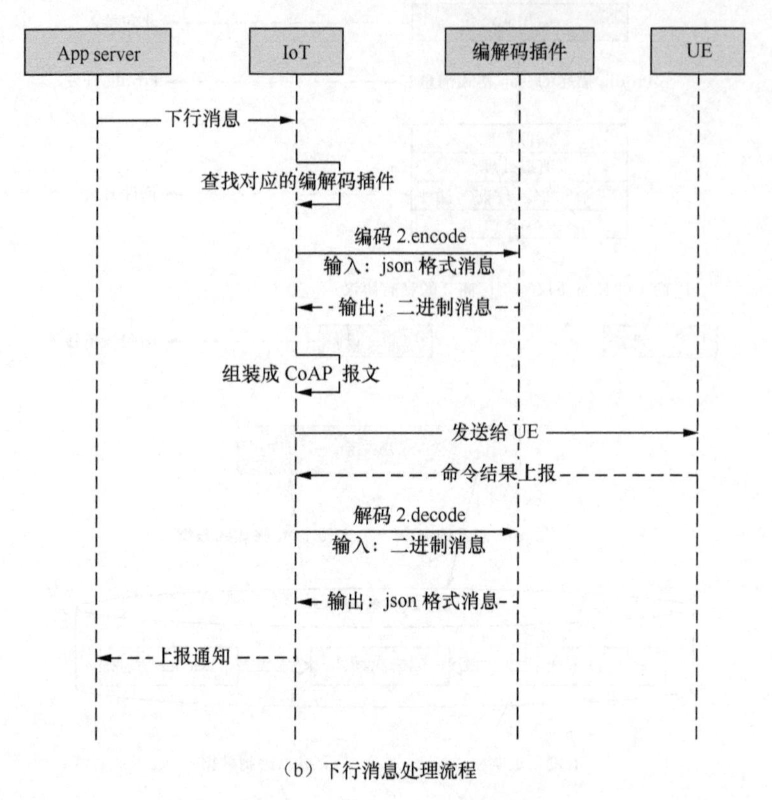

（b）下行消息处理流程

图 3-7 编解码插件的上下行消息处理流程（续）

3.2.4 移动客户端（北向）

为实现物联网开发“轻量型”的目的，北向应用选择微信小程序而不是普通的移动端 App，这样既可以避免用户在手机上下载过多应用，又可以实现与华为云物联网平台的通信；同时，微信小程序自身封装了很多 API 和 SDK 接口，在满足开发便捷性的同时，又能够进行规范、完整的信息传递。微信小程序到华为云物联网平台之间的数据传递如图 3-8 所示。

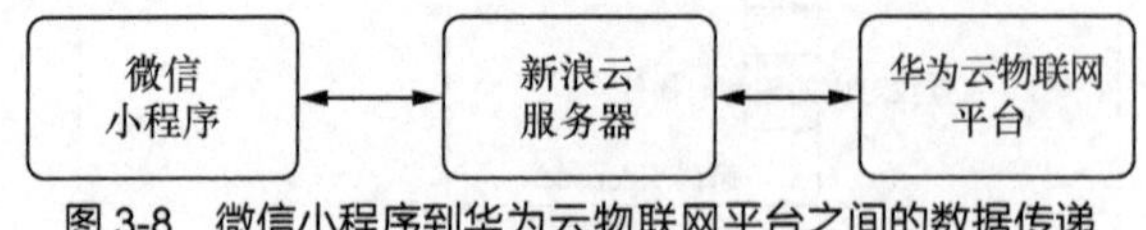

图 3-8 微信小程序到华为云物联网平台之间的数据传递

整个北向应用的前端由微信小程序实现，后端则基于 Python 3。

微信小程序开通腾讯云之后，腾讯云会为小程序分配开发者域名和服务器，小程序开发过程中的 HTTPS 请求和用户数据存储可以基于此进行。由于华为云物联网平台提供的域名未经过备案，故不能使用小程序直接调用，所以选择在新浪云已备案一级域名下注册二级域名，通过新浪云调用数据。新浪云服务器通过应用台调用已有的 Python 代码，可以读取华为云物联网平台的数据，再一步步回传，最终使小程序能够读取华为云物联网平台的数据，同时完成命令的下发。

在数据传输过程中，各平台和服务器主要涉及的工作如下。

（1）微信小程序：北向应用，是用户主要操作界面，实现数据读取和命令下发。

（2）开发者服务器：存储用户信息。

（3）新浪云服务器：代理服务器，是非备案域名与备案域名、HTTPS 与 HTTP 协议间的桥梁，是前端与后端间的桥梁，实现 Python 文件调用。

3.3　系统实现

本节具体介绍整体硬件电路的连接及功能的代码实现，描述传感器及门锁同开发板的连接，介绍云端小程序依据温、湿度等实时状态实现对门锁及灯光的控制。

3.3.1　感知层（LiteOS）

感知层部分主要介绍 LiteOS 操作系统、功能实现及开发板程序模块。

1. LiteOS 操作系统

LiteOS 是华为面向物联网领域构建的“统一物联网操作系统和中间件”的软件平台，是以轻量级（内核小于 10KB）、低功耗（1 节 5 号电池最多可以工作 5 年）、快速启动、互联互通、安全等关键能力，为开发者提供“一站式”服务的完整软件平台。LiteOS 能有效降低开发门槛，缩短开发周期。

LiteOS 目前主要应用于智能家居、可穿戴式设备、车联网、智能抄表、工业互联网等物联网领域的智能硬件上。

LiteOS 操作系统基础内核框图如图 3-9 所示。

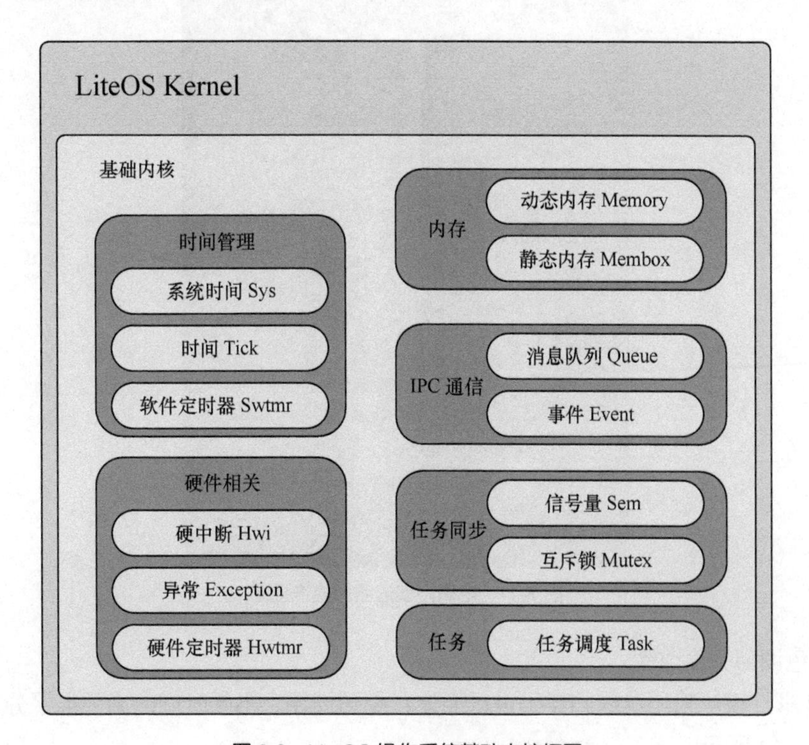

图 3-9　LiteOS 操作系统基础内核框图

2. 功能实现

（1）温湿度检测。

利用 NB476 板载的温湿度传感器 DHT11，我们可以实现当前环境下温湿度的检测。DHT11 是一款含有已校准数字信号输出的温湿度复合传感器，使用单线制串行接口进行通信。通过单片机的 GPIO 口进行通信模拟，可实现 MCU 和 DHT11 之间的数据传输，从而得到当前环境下的温湿度数据。图 3-10 为 DHT11 与单片机的接线图。

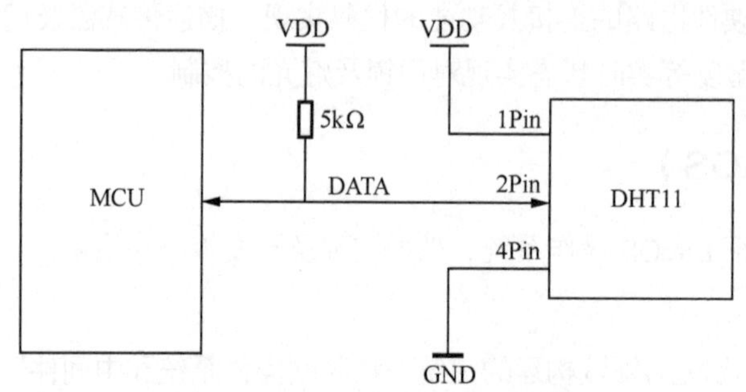

图 3-10　DHT11 与单片机的接线图

（2）电磁门锁通断切换。

首先配置单片机的 GPIO 口。我们使用某一个数字端口，通过逻辑程序控制引脚输出 0V 或 3V 的高低电平。然后通过升压模块，将高电平提升至 12V，从而控制门锁的通断，如图 3-11 所示。

图 3-11　电磁门锁通断切换连接图

（3）彩灯色调与亮度改变。

WS2812B 彩灯模块采用单线归零码进行通信，相同周期、不同时间的高低电平分别表示为“1”和“0”，如图 3-12 所示。

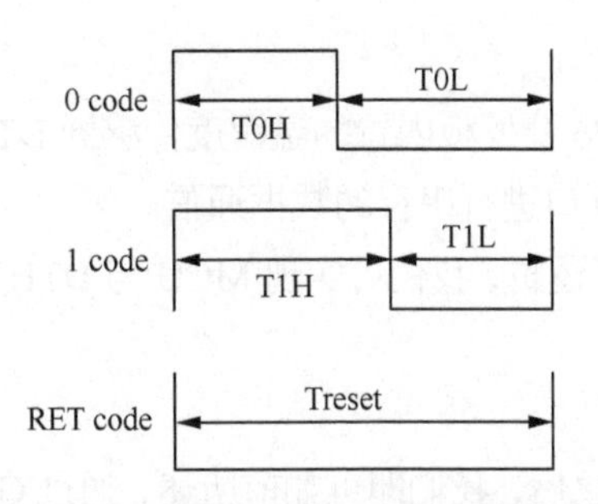

图 3-12　WS2812B 采用的单线归零码通信方式

通过设置并发送不同的串行数据给 WS2812B 彩灯模块，我们可以利用单片机实现对彩灯模块的色调和亮度的控制。彩灯色调与亮度展示图如图 3-13 所示，左、右图分别为中亮度红色和白色的彩灯样式。

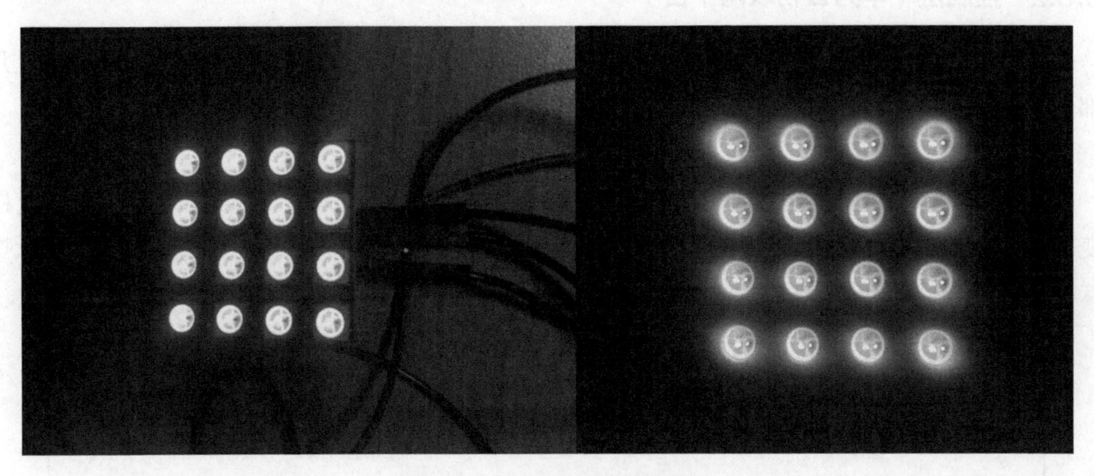

图 3-13　彩灯色调与亮度展示图

（4）数据上报与命令接收。

数据上报：使用串口进行单片机与板载 BC95 模块的通信，先对数据进行编码，而后利用串口发送至 NB-IoT 模块，即可将温度、湿度、门锁状态、灯的状态等数据上报至华为云物联网平台。

命令接收：通过串口读取 BC95 模块送至 MCU 的数据，我们可以根据华为云物联网平台编解码协议的设定解析出北向下发的指令，继而对门锁的打开和关闭、灯光的色调和亮度进行设置。

3. 开发板程序模块

本案例硬件开发代码主要有以下几个部分。

（1）UART1 串口函数。

UART1 串口函数可为开发者观察 MCU 运行过程提供便利。通过配置的 UART1 串口，开发者可随时观察到所需变量的值。通过分析从 MCU 响应至串口的不同的值，开发者可以做出一系列的判断，如程序是否正确、逻辑是否存在缺陷等。

（2）NB-IoT 通信函数。

在本开发板的工作模式中，NB-IoT 模组与 MCU 的通信通过 LPUART1 串口来进行。MCU 通过该串口向 NB-IoT 模组发送命令，可收到一系列的应答语句。例如终端设备的入网注册、数据上报、命令下发，都是通过基于 LPUART1 的 NB-IoT 通信函数来实现的。

（3）DTH11 温湿度采集函数。

在本案例中，我们使用 NB476 开发板内置的温湿度传感器 DTH11 进行温湿度信息的采集。温湿度传感器与 MCU 之间通过 GPIO 口进行串行的数据通信。

通过配置 DTH11 所需的时序逻辑，我们可实现 MCU 与 DTH11 之间的数据通信，从而采集到当前环境下的温湿度。

（4）门锁与灯光控制函数。

在解析得到平台下达的命令之后，我们即可如前所述，通过 GPIO 口进行门锁的闭合控制，并根据灯光强度和风格，为 WS2812B 设置不同的时序逻辑来控制 RGB 三基色的比例和亮度配置，从而实现灯光的可控性与多样性。

3.3.2 控制层（华为云物联网平台）

控制层的实现主要包括 Profile 文件开发、编解码插件开发及 Profile 文件与编解码插件测试这几部分。

1. Profile 文件开发

华为云物联网平台为用户提供了图形化操作编写 Profile 文件的服务，使得整个烦琐的开发过程变得非常简单明了。图 3-14 所示为华为云物联网平台上的在线 Profile 开发，也是本案例在华为云物联网平台上定义的 Profile 格式。

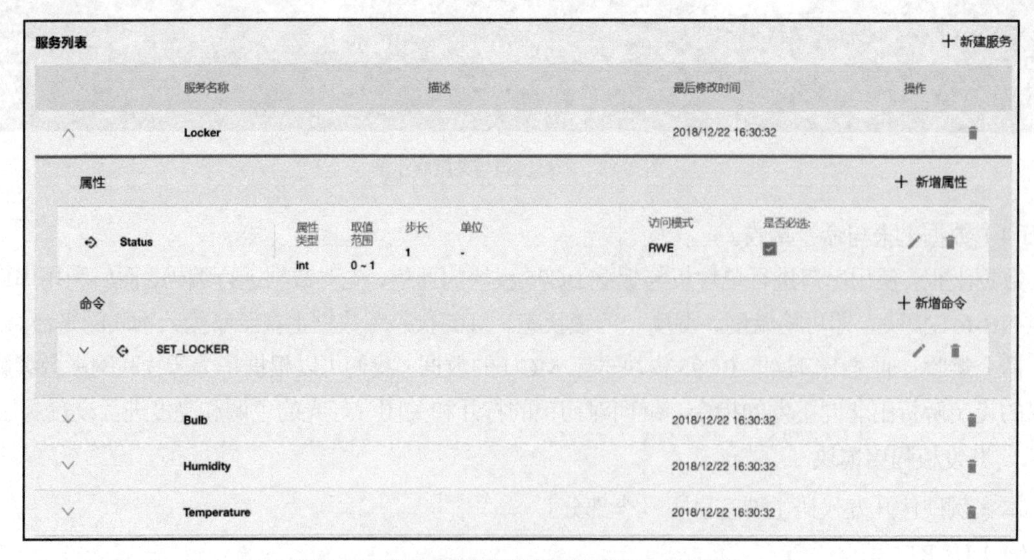

图 3-14 华为云物联网平台上的在线 Profile 开发

2. 编解码插件开发

同样地，华为为了简化开发编解码插件的烦琐过程，为开发者提供了图形化操作流程。开发者只需要在华为云物联网平台的编解码插件开发中选定对应的 Profile 文件，并将需要上报或下发的字段与 Profile 文件中定义的各属性值对应起来，连线即可。

图 3-15 所示为华为云物联网平台上的编解码插件开发展示图。

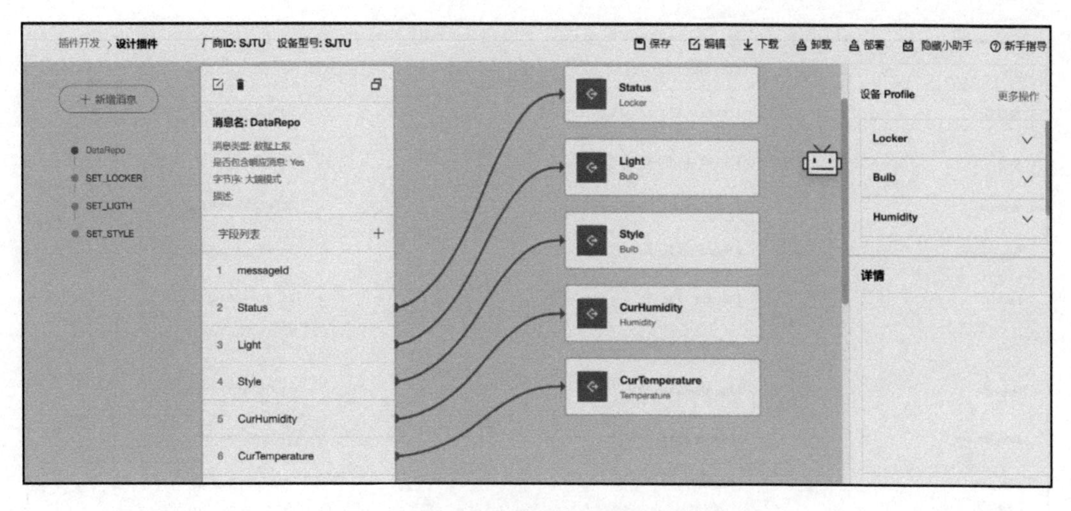

图 3-15　华为云物联网平台上的编解码插件开发

3. Profile 文件与编解码插件测试

在华为云物联网平台上完成 Profile 文件与编解码插件的开发工作之后，即可对其进行测试。

首先需要在华为云物联网平台上注册设备。选用刚定义好的 Profile 文件，并填入设备名称与设备唯一标识号，即可完成设备注册。如图 3-16 所示，刚注册好的设备还处于离线状态，需要我们将南向设备与其绑定方可激活。

状态	设备名称	设备ID	设备类型	厂商名称	设备型号	安全设备
离线	SmartFam3	59dbcda5-b2f8-458e-9bc1-1c60115a9ce0	DoorLock	SJTU	SJTU	否

图 3-16　华为云物联网平台上刚注册好的设备

激活后的设备如图 3-17 所示。

已绑定	SmartFam2	5014613a-f8fc-421e-8b80-df65fe8db9ae	DoorLock	SJTU	SJTU	否

图 3-17　激活后的设备

通过串口工具，用 NB-IoT 模组向平台发送数据，可以看到，在该设备的历史数据中，出现了我们上报的数据，如图 3-18 所示。同时，使用平台中的命令下发功能，分别下发我们在 Profile 文件中定义的两个命令，如图 3-19 所示，此时命令处于等待下发状态，而并没有马上下发。这是由于 NB-IoT 设备为了节省功耗，一般情况下都处于休眠状态，因此平台只有在 NB-IoT 设备上报数据时，才真正将命令下发至南向设备。

如图 3-20 所示，在上报数据之后，命令的状态变成了“已送达”。

经过测试可以看到，Profile 文件与编解码插件已经可以正常使用，既可以接收南向设备上报的数据，供北向应用调用，也可以接收北向应用下发的命令，并将其下发至南向设备中。

服务	数据详情	时间
Locker	{ "Status": 1 }	2018/12/27 03:46:04
Bulb	{ "Light": 0, "Style": 0 }	2018/12/27 03:46:04
Humidity	{ "CurHumidity": 60 }	2018/12/27 03:46:04
Temperature	{ "CurTemperature": 22 }	2018/12/27 03:46:04
Locker	{ "Status": 1 }	2018/12/27 03:45:58
Bulb	{ "Light": 0, "Style": 0 }	2018/12/27 03:45:58
Humidity	{ "CurHumidity": 59 }	2018/12/27 03:45:58
Temperature	{ "CurTemperature": 22 }	2018/12/27 03:45:58
Locker	{ "Status": 1 }	2018/12/27 03:45:52
Bulb	{ "Light": 0, "Style": 0 }	2018/12/27 03:45:52

图 3-18　上报数据解码后的显示

状态	命令ID	命令创建时间	命令内容
等待	d3dc1258b46144739de4be444456cef7	2018/12/27 22:48:43	{ "serviceId": "Locker", "method": "SET_LOCKER", "paras": { "Status": 0 } }
等待	6e61b7882e0d4aec8d7908b77d0f21e4	2018/12/27 22:48:22	{ "serviceId": "Locker", "method": "SET_LOCKER", "paras": { "Status": 0 } }

图 3-19　上报数据前下发命令的显示

状态	命令ID	命令创建时间	命令内容
已送达	d3dc1258b46144739de4be444456cef7	2018/12/27 22:48:43	{ "serviceId": "Locker", "method": "SET_LOCKER", "paras": { "Status": 0 } }
已送达	6e61b7882e0d4aec8d7908b77d0f21e4	2018/12/27 22:48:22	{ "serviceId": "Locker", "method": "SET_LOCKER", "paras": { "Status": 0 } }

图 3-20　上报数据后下发命令的显示

3.3.3　软件开发技术（北向）

北向的软件开发技术主要介绍微信小程序开发、服务器端开发、北向应用技术难点、小程序使用这几部分。

1. 微信小程序开发

腾讯公司为小程序的开发提供了大量的 Demo 和 SDK，本案例微信小程序开发是在 Node.js 腾讯云模板的基础上进行二次开发，同时引入 Promise 第三方库来解决微信小程序 HTTPS 请求不支持同步的问题。小程序代码结构如图 3-21 所示。

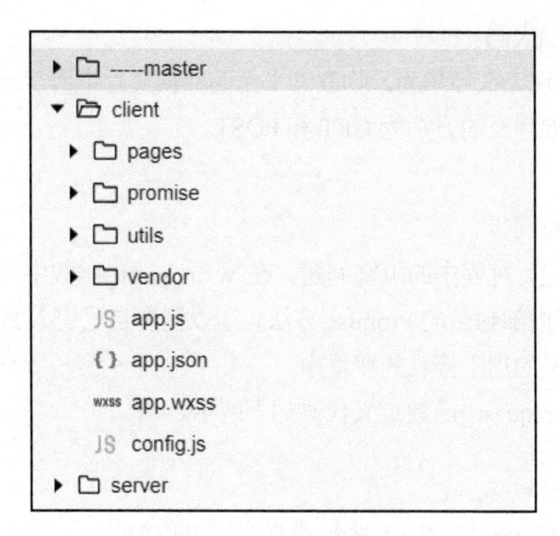

图 3-21　小程序代码结构

由上述代码结构可知，小程序的代码主要包括：客户端 client，服务器端 server 和相应的配置文件。

其中，客户端 pages 文件夹内主要定义了小程序两个主要工作界面的信息；promise 文件夹为引入的第三方库；utils 文件夹内定义了 util.js 文件，包含部分全局变量；vendor 文件夹内包含小程序事先封装好的 SDK。

服务器端 controllers 文件夹内包含开发者服务器的路由和存储数据，middlewares 文件夹内定义了 KOA 方法，routes 文件夹内包含路由器信息 index.js，tools 文件夹内包含基于 Knex 的数据库接口。服务器端的配置文件则主要配置了开发者服务器和所引用库的基本配置和版本信息等。

对于不同文件夹中的基础配置，app.json 是对当前小程序的全局配置，包括小程序的所有页面路径、界面表现、网络超时时间、底部 tab 等；考虑到人们在使用工具的时候会针对各自的喜好做一些个性化配置，例如界面颜色、编译配置等，小程序开发者工具在每个案例的根目录都会生成一个 project.config.json 文件，在工具上做的任何配置都会写入这个文件。当开发者重新安装工具或者换计算机工作时，只要载入同一个案例的代码包，开发者工具就会自动恢复到当时开发案例时的个性化配置。

2. 服务器端开发

小程序的服务器端开发主要基于 3 个不同的服务器进行。

（1）开发者服务器。

开发者服务器主要进行的是数据的读取和上报，主要涉及的方法为 GET 和 PUT，基于小程序自身快速添加 CGI 的代码介绍对服务器进行本地编写即可完成。开发者服务器的域名可以自行申请设置。

（2）新浪云服务器。

由于小程序对发出 HTTPS 请求的域名有备案要求，所以我们在实现的过程中申请了新浪云服务器作为代理服务器，新浪云服务器申请到的域名为二级域名，其一级域名均已备案，所以能够对小程序的请求做出响应。新浪云中部署的代码基于 php5.6 环境，主要涉及的方法为 GET。新浪云服务器可以自行申请设置。

（3）新浪云服务器后端代码。

后端代码由 Python 实现，在与华为云物联网平台的数据交互中所涉及的鉴权、数据获取和命令下发均基于此来实现，主要涉及的方法为 GET 和 POST。

3. 北向应用技术难点

（1）wx.request()不支持同步。

小程序为了避免代码运行过程中的阻塞问题，在 wx.request()函数中取消了同步变量的设置，同时在 1.3.0 版本之后取消了内部封装的 Promise 方法，所以需要自己引入 Promise 库来将 request 函数得到的结果返回到已经定义的用于接收的变量中。

引入 Promise 库的 wx.request()函数定义代码如下所示。

```
//鉴权 Auth
//data 需要 post appID 和 secret
//返回值里包含的 accessToken 为后续所有设备、数据操作要用的密钥
Function Auth(url, params){
  Let promise = new Promise(function (resolve, reject)){
    wx.request({
      url: url,
      data: params,
      //method: 'POST',
      method: 'get',
      success: function(res){
        console.log('huaweiAuth 返回结果: ')
        console.log(res.data.split("<br>"))
        app.huaweiData.resule = res.data.split("<br>")
        resolve();
      },
      fail: function(err){
        console.log('鉴权失败');
        console.log(err);
        resolve();
      }
    })
  });
  return promise
}
```

引入 Promise 库后的函数调用代码如下所示。

```
huawei.Auth(authUrl, app.params).then(() =>{
   var authKey = app.huaweiData.result.data.accessToken;
   //var authKey = app.huaweiData.result;
   ocConfig.service.accessToken = authKey;
   console.log('auth', authKey);
   console.log('auth config', ocConfig.service.accessToken);
})
```

（2）腾讯提供的 Demo 版本不一致。

腾讯虽然提供了详细的 Demo（示例）和 SDK 给开发人员下载，但是其在 GitHub 中上传的代码示例会出现因 index 接口过期而无法正常登录的问题，需要在注册腾讯云账号之后，基于空文件建立 Node.js 腾讯云启动模板，才能使客户端和服务器端代码维持在同一版本，从而能够正确地上传和配置。同时，在代码上传过程中需选择"部署后自动安装依赖"，才能保证开发的正常进行，如图 3-22 所示。

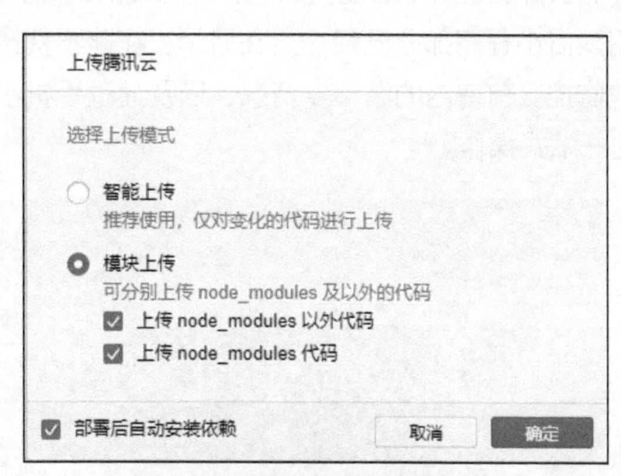

图 3-22　将测试代码上传到腾讯云

（3）服务器搭建困难。

由于不同服务器对于代码环境和容器的要求不同，所以北向应用在开发前期的部署环节会遇到很大的阻碍，需要根据不同服务器的要求和特性来合理安排服务器的顺序和代码，才能完成完整的数据传输链的构建。

4. 小程序使用

小程序的运行界面如图 3-23 所示。

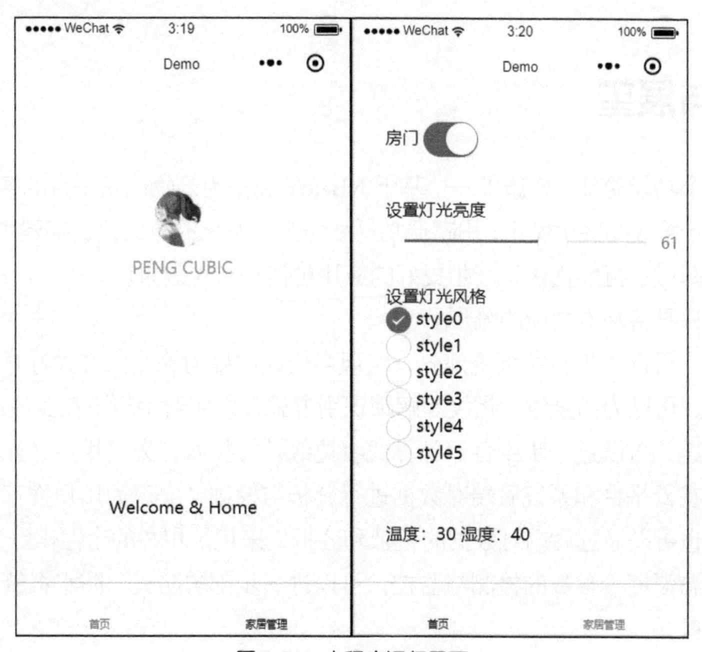

图 3-23　小程序运行界面

小程序通过 switch、slider 和 radio-group 组件实现对相应电器的控制，并对应地向华为云物联网平台下发命令。

3.3.4 实现部分

本案例中，我们初步实现了智能门禁与智能灯光的雏形，图 3-24 所示是我们所做的示例系统总览图。北向应用微信小程序部分已经在上文展示，在此不赘述。在本系统中，我们已经实现通过微信小程序动态地监控当前室内的温湿度情况，以及通过手机小程序对门禁和灯光进行控制，从而实现手机对家居的一站式操作。

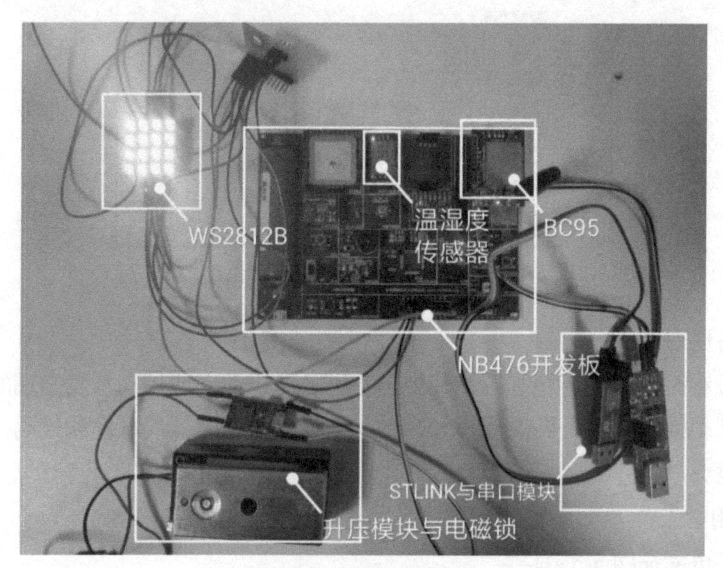

图 3-24 示例系统总览图

3.4 总结与展望

本章案例是一个功能验证，构造了一个基于 NB-IoT 和华为云物联网平台的智能家居小系统。本章详细介绍了 NB 开发板的接口使用，用超低功耗和华为一站化的方案快速搭建了验证系统。希望读者可以在现有方案基础上持续优化，产生更好的应用价值和实现效果。

目前的系统是只具备基本功能的雏形。

对于门禁系统，可以添加报警系统部分，实现当门锁被暴力等非法方式打开时，自动进行报警的功能。除此之外，可以为门禁添加指纹等解锁识别方式，以应对手机不在身边的情况。

而对于灯光系统，可以进一步结合云计算或者边缘计算技术，采集用户灯光使用和专家建议等方面的有效数据，在云平台和系统后端对数据进行分析与挖掘，实现为用户推荐不同环境下适合的灯光效果的功能；也可以通过后端对数据的记录和分析，来记录用户的个性化灯光喜好。

最后，结合对温湿度等参数的检测与监控，可以进一步部署防火、防水报警等系统，形成维持房屋安全的重要力量。

04

第4章　基于华为云物联网平台的智能健身房环境改造方案

本章将利用物联网智能化技术设计并实现智能健身房环境改选方案。由于涉及健身房硬件改造的难度较大，本章内容采用模拟仿真的形式来解释其工作原理。我们以光感传感器改造一定质量和一定长度的健身器材，通过采集到的数据计算出训练强度等结果，同时也统计出训练的时间，将这些数据通过 NB-IoT 模块发送到云端的华为云物联网平台。华为云物联网平台的数据可以选择性地分发部分给用户及商家，加深用户对自己身体状况的了解，提升商家对健身房的运营管理水平。

4.1 背景与需求分析

本节将从案例背景、案例内容、需求分析、案例内容和实现目标这几点来分析此实验案例的可行性，同时介绍项目开发需要准备的实验环境。

4.1.1 案例背景

随着物联网技术的普及和5G时代的来临，越来越多的物联网项目成为商品性能改进和技术资本投资的方向。通过将不同的设备进行智能化改造，增设传感器，并且通过低能耗、高稳定性的通信芯片将数据发送到云端，然后对数据进行统一分析和处理以实现各种设备的智能化和大数据化，从而提升用户体验，降低运营成本，改善运营策略，向“万物智能，万物互联”的物联网时代前行。

健身在当代都市人群中是非常普及的业余活动方式。除了进行一些不依赖器材的慢跑等室外活动和依赖简单器材的室内活动，越来越多的人选择进入专门的健身房，在教练的指导下通过大型的、专业的健身器材进行锻炼以期获得更好的锻炼效果。

在一些发达国家，平均每8人就有1人进入健身房锻炼，而中国的健身率仅为4%左右。但在城市，尤其是二三线城市，健身人数正在不断上升。因此，中国的健身房领域还存在着极大的待开拓市场。

当前健身房的健身器械大多是简单、无反馈的大型器械，主要通过用户的主动计数来达到判断锻炼量的目的。智能健身房需要通过器械观测用户运动，评估用户的运动量，并且在云端为用户和健身房运营者提供他们需要的信息，从而降低运营成本，提升用户体验。

4.1.2 需求分析

从已有的市场来看，健身房的主要用户群体为都市中高等收入阶层，他们好奇心旺盛，拥有可观的消费能力，并且对于了解、改变自己的体型与改变自己的健康状况有着很强的支付意愿。将物联网与传感器等概念与健身房相结合，一方面激发了这一用户群体的好奇心，另一方面也让他们对于自身的锻炼过程有更好的了解。通过直观地将用户的运动数据发送到用户的手机App上，他们可以便捷、有效地了解自己的运动过程与身体状况，从而提升用户体验，增加用户黏性。

通过对手机App进行社交功能迭代，增加用户社交功能，健身房可以依赖这套系统实现一个健身用户社群的构建，一方面可以通过消息推送的方式发送用户个性化的健身提示、饮食建议、消费广告等信息，在提升用户体验的同时挖掘用户的消费潜力；另一方面也可以通过构建用户集群，发布高素质的推送消息等，来提高用户活跃度，构建一个稳定的、高留存的黏性用户群体，从而提高健身房的收益。

4.1.3 案例内容

本案例针对城市健身房服务的物联网智能化设计了整套解决方案，并对其加以实现。方案力求将低能耗、高实时性的物联网技术与城市健身房服务相结合，提升健身房的运营效率与用户的使用体验。

案例的核心部分由华为技术有限公司提供的华为云物联网平台和NB-IoT物联网核心网络架构组成。我们的主要工作包括设计并改造常见的健身房内器材，使之能够记录并通过 NB-IoT 技术上传用户的运动数据至华为云物联网云端，并设计相应的主机服务器从云端获得用户数据并针对用户提供对应的服务。系统由智能化健身设备、华为物联网核心技术层、主机服务器和 Android App 组成。

案例的最终成果包含提供一个基于物联网平台的智能改造方案，以及对于该方案的实现和实验，并最终通过案例报告、实物演示及所有的案例源代码的方式进行展现。

4.1.4　实现目标

本章节期望实现的目标如下。

（1）对一台或多台健身设备进行改造，实现通过传感器高效、低成本地获取运动数据。

（2）使用搭载 NB-IoT 和 LiteOS 的系统进行简单的数据处理、网络封装和数据上报。

（3）在华为云物联网实现相关数据转换，以及根据要求向订阅服务的服务器发送相关数据的功能。

（4）北向服务器。完成向华为云物联网进行数据订阅、数据查询和自动接收数据的功能设计，保证 HTTP 协议的正确对接。

（5）手机客户端。以 Android 平台为实例模拟开发一个和服务器相关联的 App，展示其各方面的功能。

4.1.5　实验环境

本章实验环境如下。

（1）硬件端：NB-EK-L476 物联网开发板、Risym 光电传感器，开发环境使用 Keil5。

（2）云端：使用华为科技有限公司提供的华为云物联网编程接口。

（3）服务器：借鉴华为公司开发者论坛提供的北向 API，使用 Eclipse 开源 IDE 自主实现的简单服务器，运行环境为 Windows 10、x64、Intel i5-8400。

（4）手机 App：测试环境为华为 Mate 7A 手机实机运行，运行环境为 Android 版本 8.0.0、EMUI8.0.0；开发环境为标准 Android Studio 环境，最低 SDK 版本为 26。

4.2　功能设计

本节重点介绍该方案的系统架构设计，阐述该方案的功能设计原理。从 3 个层面具体分析，包括：南向硬件架构设计、管理平台华为云物联网的功能设计、北向软件架构设计。

4.2.1　系统架构

案例的主要目标之一是依赖已有的华为物联网技术及网络平台设计一种解决方案，用智能化和数据化的方式简化现代城市健身房运营者的管理，同时提升用户的使用体验，增加用户黏性。案例方案说明图如图 4-1 所示，我们对案例的优化方案进行了直观的展示。

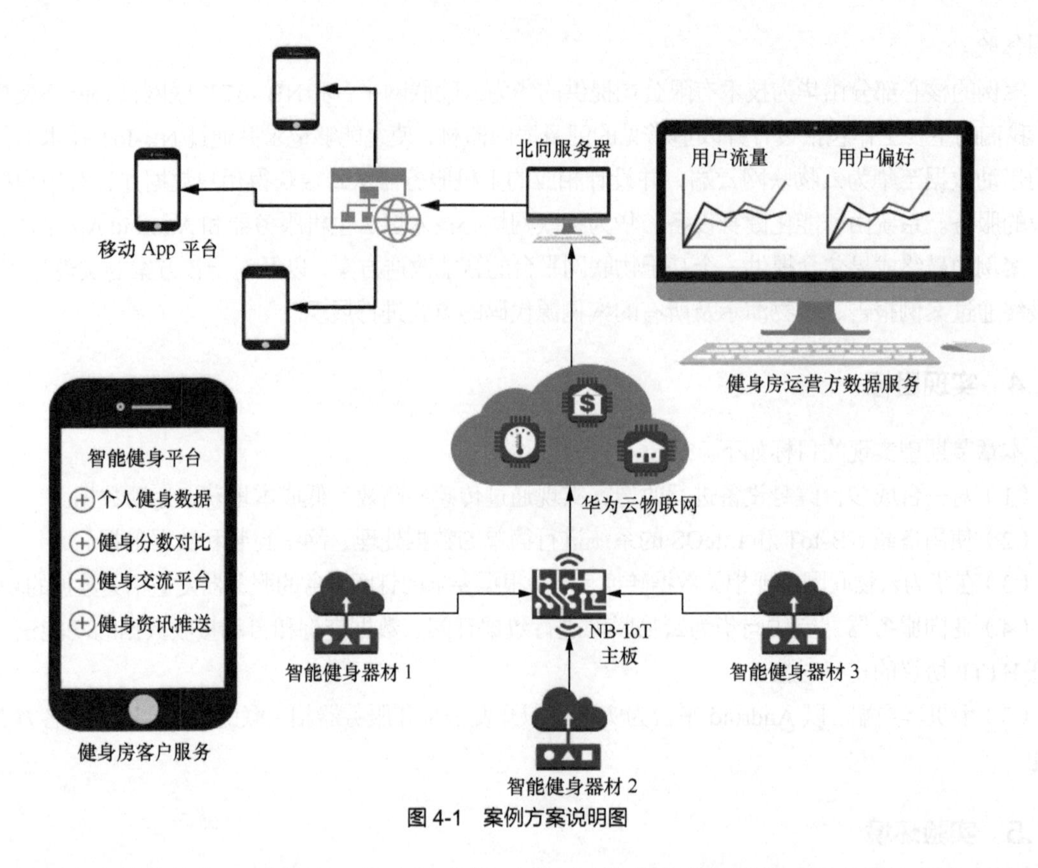

图 4-1　案例方案说明图

案例方案总体分为 3 个部分：核心技术层、面向运营者的服务器以及面向健身房客户的 App 平台。

核心技术层主要包含经过改造的健身器材、NB-IoT 技术网络层及华为云物联网云端。健身器材的改造主要包含使用合适的传感器在指定位置测定获得用户的运动数据，并通过搭载 NB-IoT 物联网芯片的主板进行简单的数据处理后上传云端。核心技术层对于健身房用户和健身房运营者都是完全封装不透明的，由技术工程师负责安装、调试和维护。

系统的一大用户群体是健身房运营者。服务器从华为云物联网获得原始数据后，将在本地进行存储、分析、处理后以简明、准确、可交互的方式呈现给健身房运营者。可以获得的信息包含某台器械的使用率、使用强度及用户的时间偏好、器械偏好等。这些数据，一方面有利于健身房的运营者简化健身房的维护和使用，方便运营者根据运营数据设计出更优的运营方案，另一方面也方便健身房对用户的偏好进行分析，更好地完善自身服务。

系统的另一大用户群体是健身房用户。健身房用户通过下载 App 可以从服务器端获得自身的运动数据，例如运动时间、能量消耗、运动器械偏好等。这样做有以下优势：首先，App 服务方便直观，用户安装 App 后即可设置相关信息，在运动后能及时从服务器端获取自身的数据；其次，通过 App 本地保存的数据可以进行用户的运动行为分析，可以设置运动提醒、运动建议等功能；此外，由于服务器包含大量的用户数据，对这些数据进行分析后的用户个性化推送、广告推送等增值功能也可以得到实现；最后，依托于 App 平台，可以发展如运动动态分享、运动群组等社交功能，建立稳定的用户群体，通过增设社交功能的方式，提升用户体验，增大用户黏性。

4.2.2　硬件构架（南向）

南向硬件架构主要包括方案选定、传感器选定、开发板选定 3 大模块。

1. 方案选定

由于案例需要将传感器和硬件板搭载在健身设备上，因此改造方案主要针对有固定支架的、有明显位移的健身器材。这里选定健身器材上的配重进行改装，由于这种可变式配重常见于各类健身器材，因此也有利于提升系统对于多种不同器材的泛用度。

2. 传感器选定

南向系统构架主要由搭载 LiteOS 及可以实现 NB-IoT 物联网通信协议的主板实现。

南向系统在健身过程中需要向主板提供做功的相关数据，包括力的大小和在力的方向上运动的位移大小。

当模块检测到前方障碍物信号时，电路板上绿色指示灯点亮，同时输出端口 OUT 持续输出低电平信号，该模块检测距离为 2～30cm，检测角度为 35° 。检测距离可以通过电位器进行调节：顺时针调电位器，检测距离增加；逆时针调电位器，检测距离减少。传感器模块 OUT 端口可直接与单片机 IO 口连接，也可以直接驱动一个 5V 继电器；连接方式：VCC-VCC、GND-GND 或 OUT-IO。比较器采用 LM393，工作稳定。Risym 光电传感器实物图如图 4-2 所示，光电传感器电路原理图如图 4-3 所示。

图 4-2　Risym 光电传感器实物图

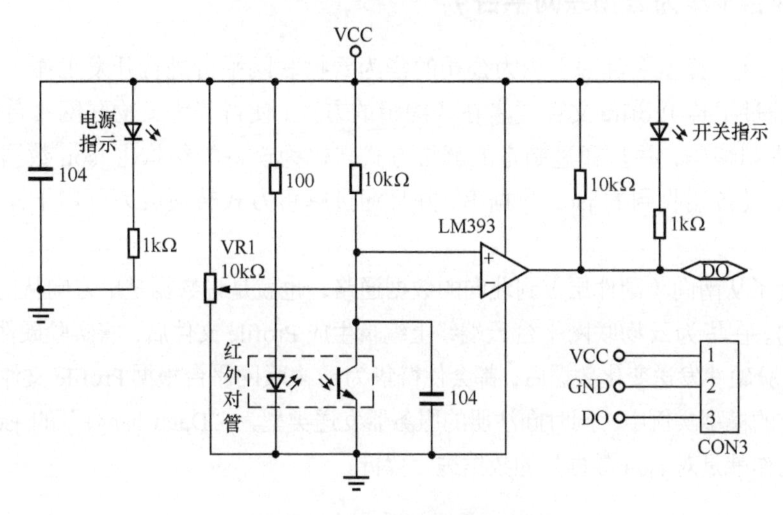

图 4-3　光电传感器电路原理图

3. 开发板选定

案例选定开发板为 NB-EK-L476 物联网开发板。图 4-4 展示了该开发板的主要硬件构架，该板的核心 MCU 是 STM32L476，作为物联网常用 MCU，该芯片低功耗、高性能，符合物联网的应用特点。

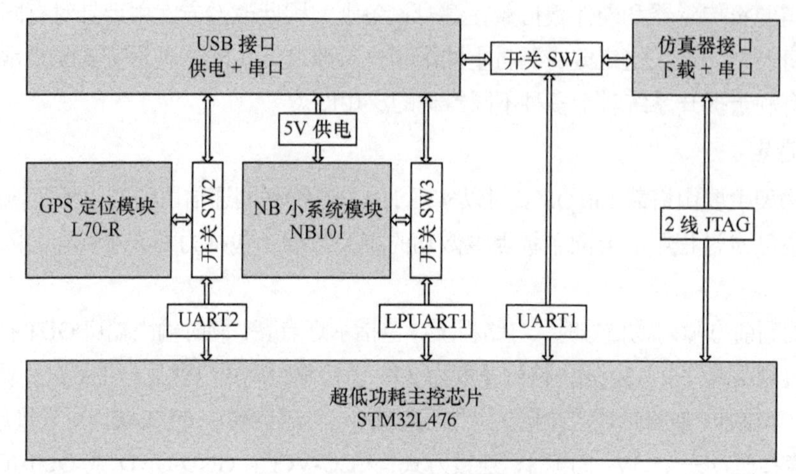

图 4-4 NB-EK-L476 硬件构架

该开发板具有以下优点与特性：基于简单易用的低功耗 M4 单片机 STM32L476 设计，该芯片是 L4 系列中性价比最高的一款；分离式的 NB-IoT 模块设计，底板与 NB 小系统板可插拔，默认搭载 NB101 小系统板；板载 MicroSD 卡卡座，支持 FATFS 文件系统，可用于 NB-IoT 应用中的固件/数据存储；板载 USB 转 UART 电路，支持 NB-IoT 模块和 GPS 模块切换到电脑端调试和使用；板载 4 个用户按键和 1 个指示灯；板载 20Pin 扩展 GPIO，引出常用的 I2C、SPI、UART、CAN 等 MCU 外设，扩展无忧；整板低功耗设计，可外接电池供电，背面留有电池接插件；小巧灵活，开发板 PCB 面积比信用卡略大。案例采用该开发板和华为云物联网平台对接，实现数据上传和指令下发。

4.2.3 管理平台（华为云物联网平台）

如图 4-5 所示，管理平台基于华为公司的华为云物联网平台进行开发工作。本部分工作的主要目的在于通过上传 Profile 文件或者在线编辑的方式，使得华为云物联网平台能够理解从硬件层收到的二进制编码，并且通过制定的解析方式转化为设备的结构化 json 数据，或者是使得平台能够理解从设备端收到的 json 数据串，并且通过解析方式转换成为可用于操作硬件层的二进制指令码。

案例仅使用了从南向（硬件层）到北向的数据通路，也就是说数据是单方向从南向硬件传输到北向软件构架的。在华为云物联网平台云端线上编辑生成 Profile 文件后，将实验硬件在云端注册绑定，此后每次实验硬件发送变化数据后，都会使得华为云物联网平台根据 Profile 文件转化成 json 数据并且存入指定的模型实例中，同时向注册的服务器发送类型为“DataChange”的 json 数据包，而服务器的主要工作就是对 json 数据包的数据进行解析。

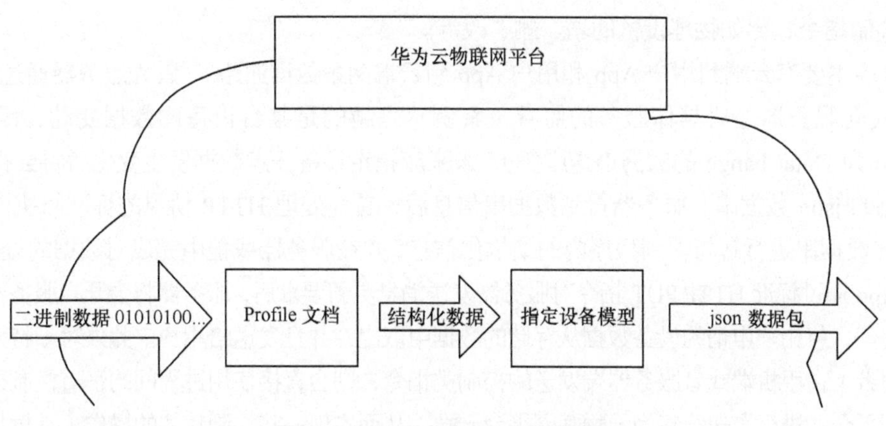

图 4-5　华为云物联网平台云端原理图

4.2.4　软件构架（北向）

北向软件架构主要分为服务器和用户 App 的设计，架构设计如图 4-6 所示。

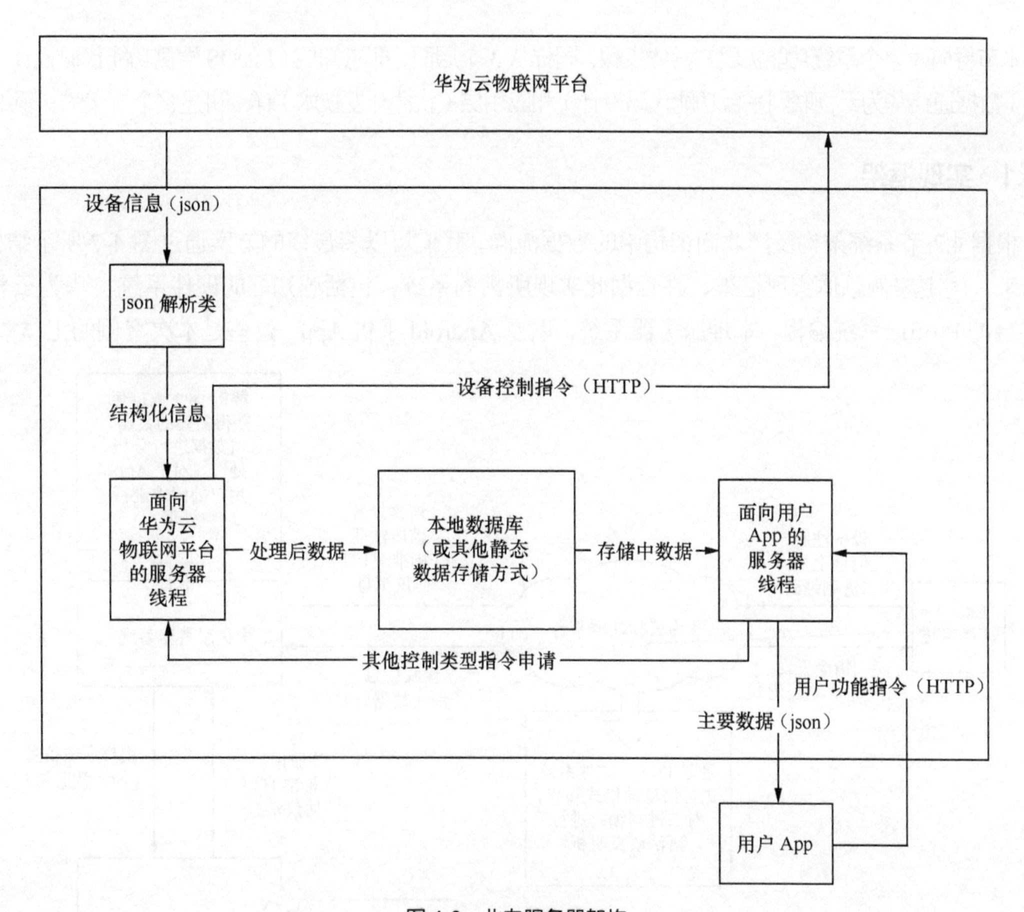

图 4-6　北向服务器架构

服务器的主体功能是从华为云物联网平台获取数据，然后将数据存储、分析后发送给用户。此外，对于健身房的管理者来说，还应当支持通过服务器或者专用的 App 对华为云物联网平台发送一些管理、控制指令，比如物理设备的增、删、改等。

图 4-6 中主要有云端到用户 App 和用户 App 到云端两条数据通路。首先服务器通过 IP 加服务端口的方式向服务器注册具体服务的监听（案例感兴趣的是某台设备的数据变动，因此监听了 ServiceType 为 DataChange 的数据推送服务），未来应指定设备任意数据发生变化后将会得到包含当前数据状态的 json 数据串。服务器得到数据串信息后，首先处理 HTTP 协议的标准回执消息，然后开始对 json 数据串进行解析得到程序内的结构化信息，并在服务器线程中完成对数据的处理与存储。

用户 App 通过标准 HTTP PUT 指令对服务器发送消息更新要求后，服务器将会开启服务器线程对该需求进行处理，将用户申请的设备数据从存储的数据中取出，并且发送给用户。此外对于特殊用户（如健身房管理者）在手机端或者服务器端发送的控制类指令，则会直接使用进程间的管道机制通过面向华为云物联网平台的进程发送给华为云物联网平台云端，从而实现一些控制功能的操作（具体指华为云物联网平台提供给北向开发者的功能性 API，例如新的监听的建立或老的设备的信息更改等）。

4.3 系统实现

本节将描述整个系统功能实现的具体步骤，同样从 3 个层面，即感知层（LiteOS 端侧功能代码设计）、控制层（数据通路华为云物联网平台功能代码设计）和应用层（软件开发技术）详细讲述整个方案的实现细节。

4.3.1 实现框架

根据 4.2 节系统架构及南北向架构中的数据流向，我们可以将最终的方案通过图 4-7 所示结构表达出来，确定案例总体实现框架，并且据此实现所需的系统，包括感知层的硬件系统、华为云物联网平台的 Profile 系统编程、本地服务器系统，以及 Android 手机 App。这些是本次案例的工作核心。

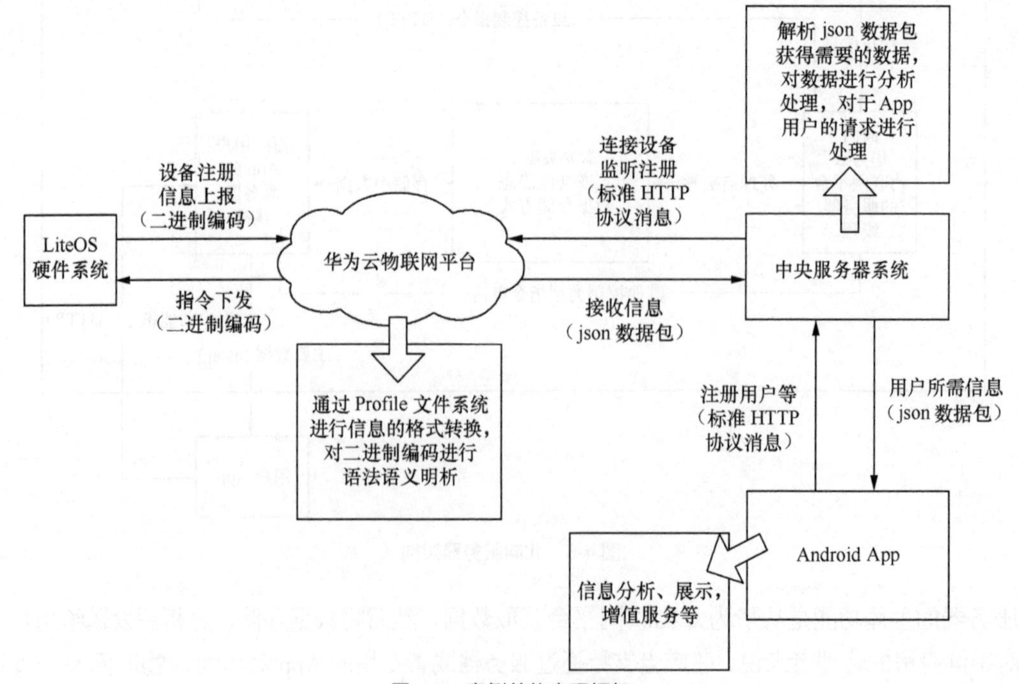

图 4-7　案例总体实现框架

4.3.2 感知层（LiteOS）

该部分主要包括运动器械质量、位移的检测与上报，以及硬件代码实现部分的主要流程。

1. 总述

LiteOS 是华为面向物联网领域开发的一个基于实时内核的轻量级操作系统。其基础内核支持任务管理、内存管理、时间管理、通信机制、中断管理、队列管理、事件管理、定时器等操作系统基础组件，能较好地支持低功耗场景，支持 Tickless 机制，支持定时器对齐。LiteOS 可以帮助众多行业客户快速地推出物联网终端和服务，其客户涵盖抄表、停车、路灯、环保、共享单车、物流等众多行业。它为开发者提供“一站式”完整软件平台，可以有效降低开发门槛、缩短开发周期。

LiteOS 操作系统架构如图 4-8 所示。

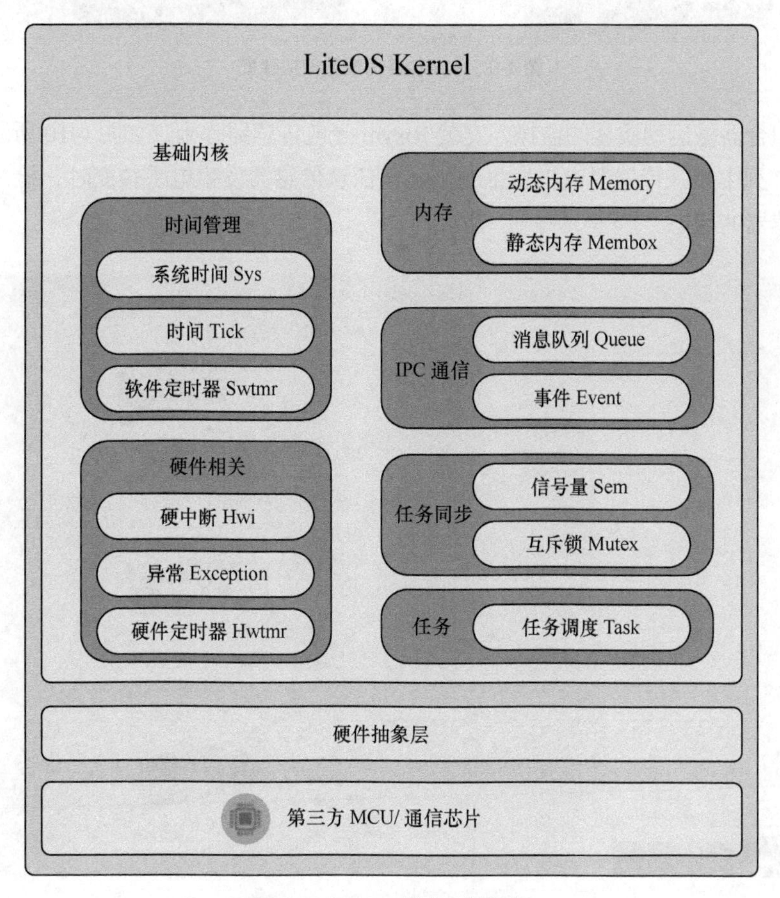

图 4-8　LiteOS 操作系统架构

案例使用 LiteOS 作为硬件板的操作系统，主要使用硬件中断检测和处理传感器状态变化，以任务调度机制作为基础的程序流程组织方式。

2. 运动器械质量的检测与上报

经过调研，健身房中健身区域的组合器械训练区使用的配重块大多数为图 4-9 所示装置。用户可根据个人需要通过将卡块插入对应的槽内来选择相应的重量。

图 4-9　常用健身房配重模拟建模

为实现对组合器械运动质量的监控，安装 Risym 光电传感器阵列，如图 4-10 所示。当用户选择不同重量时，阵列中某一传感器电平发生变化。当任意传感器发生电平转变时，检测并按顺序上报阵列中所有传感器的状态。

图 4-10　传感器位置示意图

通过与 GPIO 口的连接实现 Risym 光电传感器与单片机 MCU 之间的通信，并使用串口将状态信息发送至板载的 NB-IoT 模块，从而实现 Risym 光电传感器阵列状态的按序上报。

3. 运动器械位移的检测与上报

位移的检测与质量检测流程类似，通过 Risym 光电传感器阵列对配重块提升的高度进行检测，并通过板载 NB-IoT 模块上传。位移传感器如图 4-11 所示。

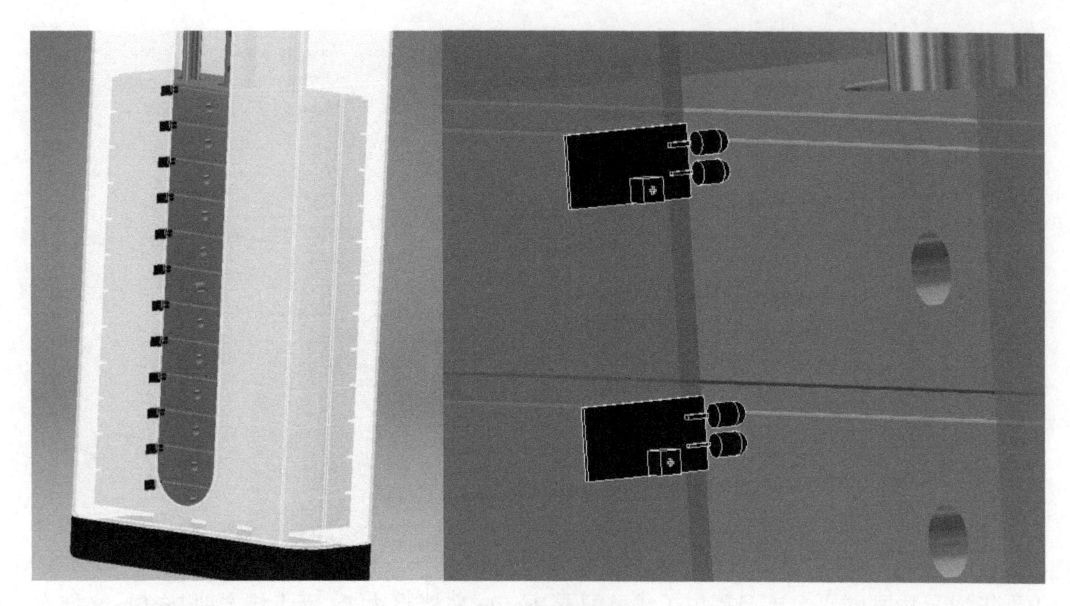

图 4-11　位移传感器

4. 硬件代码实现部分的主要流程

硬件 MCU 部分的编译加载流程及执行逻辑如图 4-12 所示。首先在 Keil 界面中运行编写的初始化程序，通过 LPUART1 串口来对 NB-IoT 模块进行控制，实现其初始化。然后程序进行入网注册，未来程序将不再需要入网注册。首次发送信息后完成设备的绑定，NB-IoT 模块将与华为云物联网平台成功连接。案例通过硬件中断的方式监听各个传感器的 GPIO 口，从而实现当某传感器的电平发生改变后主动发送数据至华为云物联网平台。

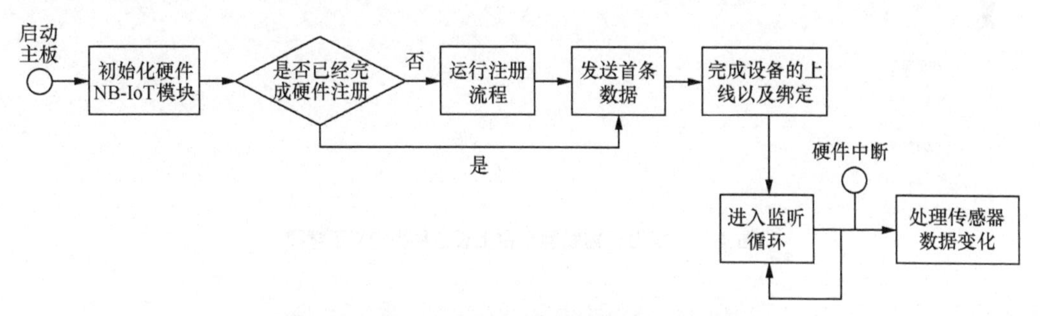

图 4-12　硬件 MCU 部分的编译加载流程及执行逻辑

4.3.3　控制层（华为云物联网平台）

下面根据图 4-5 所述华为云物联网平台云端原理，对具体需求设计进行介绍。案例需要在华为云物联网平台中实现以下内容：一是主机服务器的注册，二是 Profile 文件的编写，三是使用华为线上提供的设备模拟器对华为云物联网平台层的功能进行测试。

通过华为开发者论坛提供的北向应用开发 API，可以使用已经在系统注册并登录过的硬件设备注册监听。当硬件首次发送消息到华为云物联网平台后，华为云物联网平台会赋予硬件设备一个硬件编号，通过这个编号服务器可以注册对各项数据变化的监听，如图 4-13 所示。本案例中主要使用监听设备数据变化的功能。

图 4-13　注册对各项数据变化的监听

华为云物联网平台上设备种类定义示意图如图 4-14 所示，Profile 文件配置说明图如图 4-15 所示。由于华为云物联网平台本身提供了线上配置 Profile 文档的功能，而上传本地 Profile 文档本身也是为了实现对于已有 Profile 文件的适配，因此案例选择线上编辑 Profile 的方式完成华为云物联网平台的配置。设备注册完成后，将信号的二进制数据与注册设备中的数据类型进行绑定，之后华为云物联网平台在接收到指定设备的二进制编码数据后便能够进行解析。

图 4-14　华为云物联网平台上设备种类定义示意图

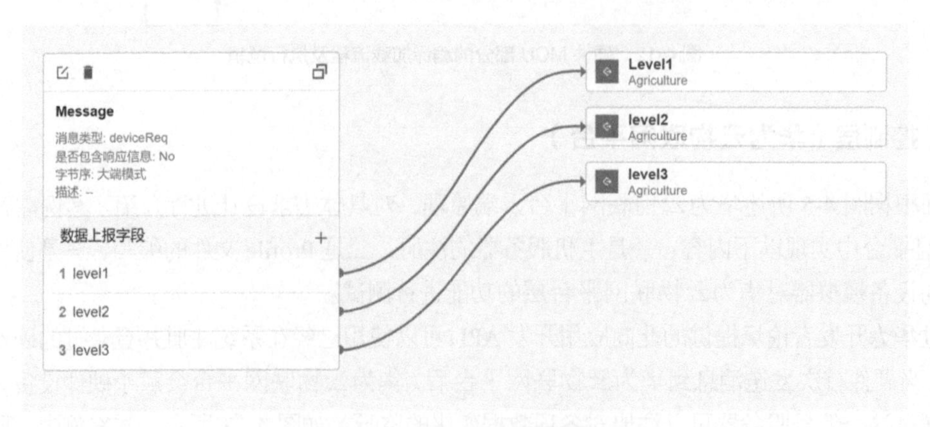

图 4-15　Profile 文件配置说明图

最后分别利用华为云物联网平台的设备模拟功能和实际主板通信测试可以得到如图 4-16 所示的结果，表示设备已经在华为云物联网平台中注册成功。

设备列表

状态 ⓘ	设备名称	设备ID
● 在线	SP001NBSimulator	5edb1405-3658-4e2a-ada1-eca0c1e50664

图 4-16　设备注册成功示意图

4.3.4　软件开发技术（华为云物联网平台）

软件开发工作分为服务器开发和 Android App 开发。服务器可以由一个中央服务器负责并由所有使用此解决方案的健身房运营者和用户共用，也可以每一个健身房的运营者都配置一个小型的服务器。共用服务器可以保证服务器的经济效率及包含更大的数据集合，并且用户使用 App 不依赖于健身房，即使更换健身房也可以使用同一个 App 继续收集运动数据。而由于本案例的经费、时间成本有限，因此使用个人笔记本电脑进行一个小型并行命令行显示的服务器的开发与测试，从而实现案例的展示目的。服务器整体架构主要参考由华为公司在华为开发者论坛上开源的华为云物联网平台北向应用 API 示例程序。

1. 服务器开发

根据 4.2.4 小节北向服务器架构相关内容，案例使用 Eclipse 开发了一个小型的、基于笔记本电脑的服务器，如图 4-17 所示。服务器的核心功能包含与华为云物联网平台的通信，对华为云物联网平台端传来的 json 数据串的处理及对于多线程并发的用户数据处理工作。

```
Authentication.java    RegisterDirectlyConnectedDevice.java    ModifyDeviceInfo.java
41          System.out.print(responseModifyDeviceInfo.getStatusLine());
42          System.out.println(responseModifyDeviceInfo.getContent());
43      }
44
45      /**
46       * Authentication[illegible]et token
47       * */
48      @SuppressWarnings("unchecked")
49      public static String login(HttpsUtil httpsUtil) throws Exception {
50
51          String appId = "iYlK5Ir3f0nv4TefhSRAuOOKSe0a"; // please replace the appId, when you use the demo.
52          String secret = "x89UTDy2N8vtOnAg9f4w28WOcyoa"; // please replace the secret, when you use the demo.
53          String urlLogin = "https://49.4.92.191:8743/iocm/app/sec/v1.1.0/login"; //please replace the IP and 
54
55          Map<String, String> paramLogin = new HashMap<String, String>();
56          paramLogin.put("appId", appId);
57          paramLogin.put("secret", secret);
58
59          StreamClosedHttpResponse responseLogin = httpsUtil.doPostFormUrlEncodedGetStatusLine(urlLogin,
60                  paramLogin);
61          System.out.print(responseLogin.getStatusLine());
62          System.out.println(responseLogin.getContent());
63
64          Map<String, String> data = new HashMap<String, String>();
65          data = JsonUtil.jsonString2SimpleObj(responseLogin.getContent(), data.getClass());
66          String accessToken = data.get("accessToken");
67          return accessToken;
68      }
69  }
70
```

图 4-17　Eclipse 开发示意图（注册成功）

为了能成功地从华为云物联网平台得到数据，首先需要获得华为云物联网平台的通信鉴权，完成身份识别之后通过华为云物联网平台发来的编码申请使用诸多功能，包含注册监听等。下一步使用服务器对华为云物联网平台上的指定应用申请数据订阅，如此一来就可以通过公网 IP 收到来自华为云物联网平台的数据。图 4-18 表示了通过 Postman 软件进行本地模拟调试的过程。

图 4-18　通过 Postman 软件进行本地模拟调试

值得注意的是，由于华为云物联网平台使用直接的 IP 地址加端口的方式发送推送信息，一般使用 Wi-Fi 的电脑由于处于 Wi-Fi 内网中不能直接被华为云物联网平台访问。因此，我们需要使用大部分路由器的固定内网 IP 及端口开放功能，这样才能使得华为云物联网平台获得凭借 IP 地址与端口向本机发送数据的能力。

本次案例使用本地 8000 端口作为与华为云物联网平台的通信端口，使用 8001 作为与手机 App 的通信端口。华为云物联网平台返回消息如图 4-19 所示，网络端口定义代码段如图 4-20 所示。

```
33          System.out.print(bodyQueryDeviceData.getStatusLine());
34          System.out.println(bodyQueryDeviceData.getContent());
35      }
36
37      /**
38       * Authentication[illegible] token
39       * */
40      @SuppressWarnings("unchecked")
41      public static String login(HttpsUtil httpsUtil) throws Exception {
42
43          String appId = "iYlK5Ir3f0nv4TefhSRAuOOKSe0a"; // please replace the appId, when you use the demo.
44          String secret = "x89UTDy2N8vtOnAg9f4w28WOcyoa"; // please replace the secret, when you use the demo.
45          String urlLogin = "https://49.4.92.191:8743/iocm/app/sec/v1.1.0/login"; //please replace the IP and Port, when you use the demo.
46
47          Map<String, String> paramLogin = new HashMap<String, String>();
48          paramLogin.put("appId", appId);
49          paramLogin.put("secret", secret);
50
51          StreamClosedHttpResponse responseLogin = httpsUtil.doPostFormUrlEncodedGetStatusLine(urlLogin,
52                  paramLogin);
53          System.out.print(responseLogin.getStatusLine());
54          System.out.println(responseLogin.getContent());
55
56          Map<String, String> data = new HashMap<String, String>();
57          data = JsonUtil.jsonString2SimpleObj(responseLogin.getContent(), data.getClass());
58          String accessToken = data.get("accessToken");
59          return accessToken;
60      }
61  }
```

图 4-19　华为云物联网平台返回消息示意图

```
public class OceanHttpServer {

    final private int nativePort=8000;
    final private int nativeUserPort=8001;
    private ServerSocketChannel serverSocketChannel;
    private ExecutorService theadPool;
    static private DeviceMonitor oceanMonitor;
```

图 4-20　网络端口定义代码段

对指定设备进行注册后，当健身设备数据发生变化时，服务器端都会收到来自华为云物联网平台的 json 数据包。

json 数据格式如图 4-21 所示。由于来自于华为云物联网平台的部分 json 数据包封装深度大，不能直接通过华为公司提供的开源 API 中的 json 处理 API 进行数据处理，因此我们使用原生的 jackson 包进行 json 的数据处理，封装成为 OceanMessage JavaBean 类型，并在本地进行保存。


```
{"notifyType":"deviceDatasChanged","requestId":null,"deviceId":"9e0f4554-3506-426a-bcb0-54dc34d7cacc","gatewayId":"9e0f4554-3506-426a-bcb0-54dc34d7cacc","services":
[{"serviceId":"Level","serviceType":"Level","data":
{"Level1":1,"Level2":1,"Level3":0},"eventTime":"20181222T090515Z"}]}
```

```
{
    "notifyType":"deviceDatasChanged",
    "requestId":null,
    "deviceId":"9e0f4554-3506-426a-bcb0-54dc34d7cacc",
    "gatewayId":"9e0f4554-3506-426a-bcb0-54dc34d7cacc",
    "services":[
        {
            "serviceId":"Level",
            "serviceType":"Level",
            "data":{
                "Level1":1,
                "Level2":1,
                "Level3":0
            },
            "eventTime":"20181222T090515Z"
        }
    ]
}
```


图 4-21　json 数据格式

对华为云物联网平台端口和对用户端口线程处理代码分别如图 4-22 和图 4-23 所示。本模拟服务器为了保证两个网络端口间数据的顺畅沟通，对两个网络端口分别申请了一个线程池进行线程管理，其中运行 oceanService 方法的线程对来自华为云物联网平台的数据进行分析、存储，同时也对 userService 的某些指令进行响应并对华为云物联网平台发出指令。

```
public void oceanService()
{
    try {

    serverSocketChannel=ServerSocketChannel.open();
    serverSocketChannel.configureBlocking(false);
    serverSocketChannel.socket().bind(new InetSocketAddress(nativePort));
    }catch(IOException e)
    {
        System.out.println("ServerSocketChannel opening failed...");
        serverSocketChannel=null;
    }

    theadPool = Executors.newFixedThreadPool(Runtime.getRuntime().availableProcessors());
```

图 4-22　对华为云物联网平台端口线程处理代码节选

```
public void userService()
{
    try {

    serverSocketChannel=ServerSocketChannel.open();
    serverSocketChannel.configureBlocking(false);
    serverSocketChannel.socket().bind(new InetSocketAddress(nativeUserPort));
    }catch(IOException e)
    {
        System.out.println("UserSocketChannel opening failed...");
        serverSocketChannel=null;
    }

    theadPool = Executors.newFixedThreadPool(Runtime.getRuntime().availableProcessors());
```

图 4-23　对用户端口线程处理代码节选

而运行 userService 的线程通过 8001 端口与用户进行交互，当用户申请数据时将数据下发到用户 App 上，并且交由用户 App 对数据进行展示。

服务器除了调试信息外，在获得合法的 json 信息和用户请求后将会把接收到的健身设备信息或者将要发送给用户的 json 信息结构化地表示出来，在实际应用中这些输出即使完全屏蔽掉也可正常运行。服务器实际运行及服务器显示用户数据分别如图 4-24 和图 4-25 所示。

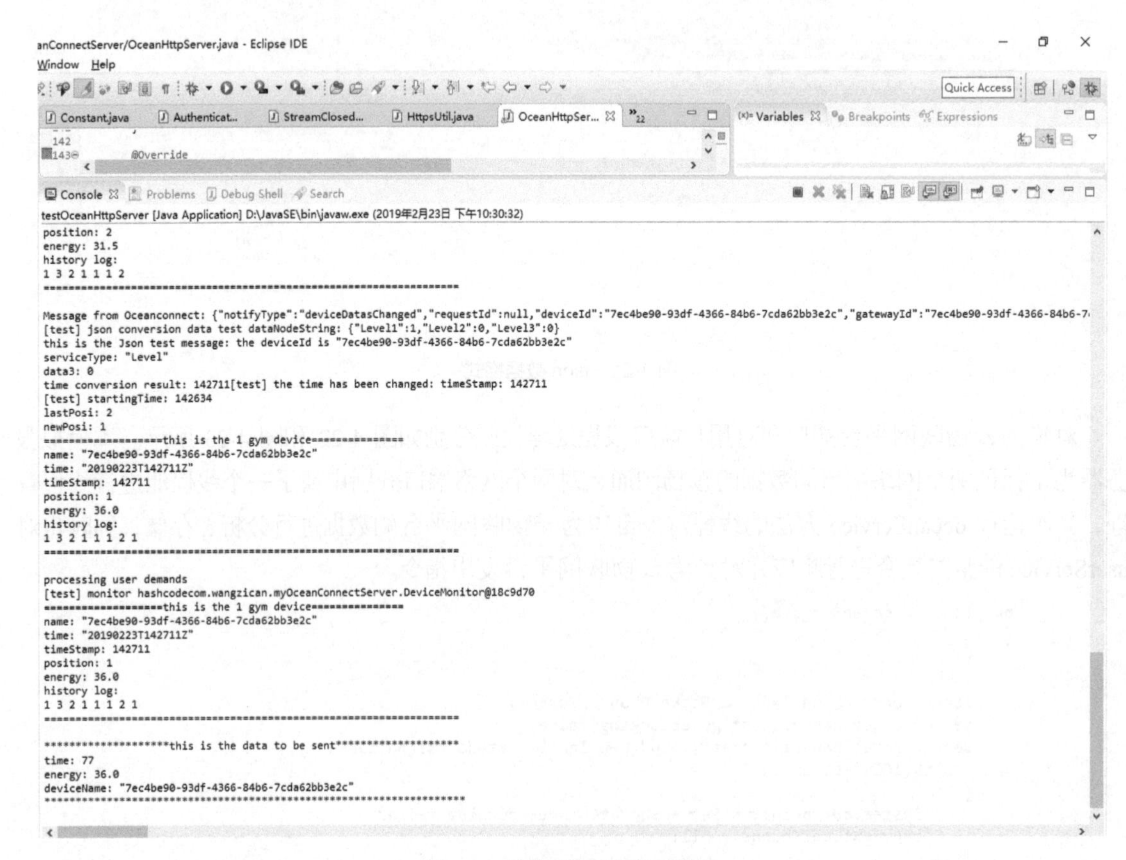

图 4-24　服务器实际运行示意图

```
Message from Oceanconnect: {"notifyType":"deviceDatasChanged","requestId":null,"deviceId":"7ec4be90-93df-4366-84b6-7cda62bb3e2c","gatewayId":"7ec4be90-93df-4366-84b6-7
[test] json conversion data test dataNodeString: {"Level1":1,"Level2":1,"Level3":0}
this is the Json test message: the deviceId is "7ec4be90-93df-4366-84b6-7cda62bb3e2c"
serviceType: "Level"
data3: 0
time conversion result: 142918[test] the time has been changed: timeStamp: 142918
[test] startingTime: 142634
lastPosi: 3
newPosi: 2
==================this is the 1 gym device===============
name: "7ec4be90-93df-4366-84b6-7cda62bb3e2c"
time: "20190223T142918Z"
timeStamp: 142918
position: 2
energy: 55.5
history log:
1 3 2 1 1 1 2 1 2 3 2
```

图 4-25　服务器显示用户数据示意图

2. Android App 设计

由于时间与经费所限，案例将 Android App 的主要功能限定在测试使用华为云物联网平台获得数据上，并配套设计简单的 UI，而与华为云物联网平台无关的其他功能，可能考虑在未来再进行迭代优化，因此 Android App 的用例图如图 4-26 所示。

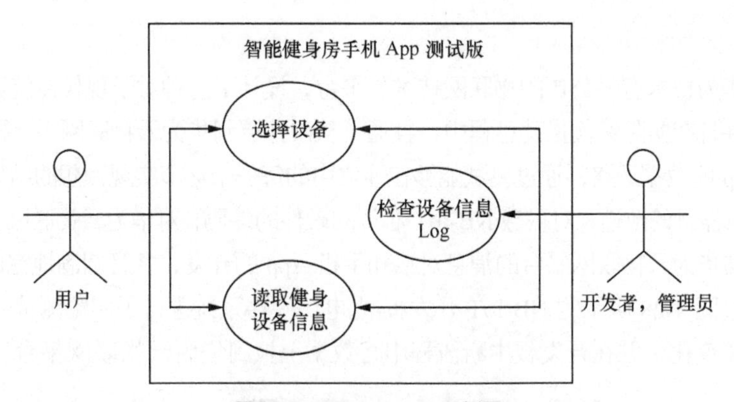

图 4-26　Android App 用例图

最终 App 的主界面参照常见的天气预报软件进行设计，最终效果（实机运行的运行环境：华为 Mate7A 手机，Android 版本 8.0.0，操作系统为 EMUI8.0.0）如图 4-27 所示。

图 4-27　Android App 主界面最终效果

主界面主要功能包含显示用户信息、历史运动时长及在某健身设备上运动消耗的能量，下方是用于测试 App 信息功能的 DataLog，手机 App 上获得的信息都按照时间序列显示出来。

此外，在本案例中，为了简化运行，App 使用了下拉刷新的方式，在实际运行中可以根据服务器能力更改为定时获取信息等方式。

4.4　总结与展望

本节对整体项目进行总结，从全局角度分析该方案的实现意义和价值，也相信会让读者在研究开源项目的同时收获自己的思考和理解，提升能力。本章案例是功能模拟，因此也有很多有待改进的地方，作者团队也指出了方案的改进之处，希望读者在再现方案的基础上持续优化，可以考虑加入更多的传感器，也可以提出更好的商业模式，将案例完整化，以产生更好的结果。

1. 案例结论

本案例依托华为技术有限公司的物联网技术与平台，设计了一种对于现代传统城市健身房的物联网化改造方案，并且在实际案例搭建过程中，打通了从硬件层到华为云物联网平台再到本地模拟服务器最后到手机 App 的数据通路，通过测试能够在通信中的每一个环节实现预想的结果。在案例中我们实现了对已有健身器材的改造，对搭载 NB-IoT 芯片的硬件的编码，对华为云物联网平台端的配置，以及在本地服务器与华为云物联网平台的消息对接和手机 App 的开发，并且圆满地完成了任务。

首先我们通过图 4-28 所示的 NB-IoT 开发板-光电门硬件系统进行了实验测试，通过手部遮挡动作测试光电门电平变化，并在开发板中断流程中将数据上报到华为云物联网平台。

图 4-28 NB-IoT 开发板-光电门硬件系统

华为云物联网平台收到上报数据，根据配置将数据转换成为 json 信息包，并且通过指定 IP 地址发送到本地服务器。本地服务器接收到指令后又将信息发送到指定用户的手机 App 上，如图 4-29 所示，完成了数据由健身房硬件到手机客户端的联通。

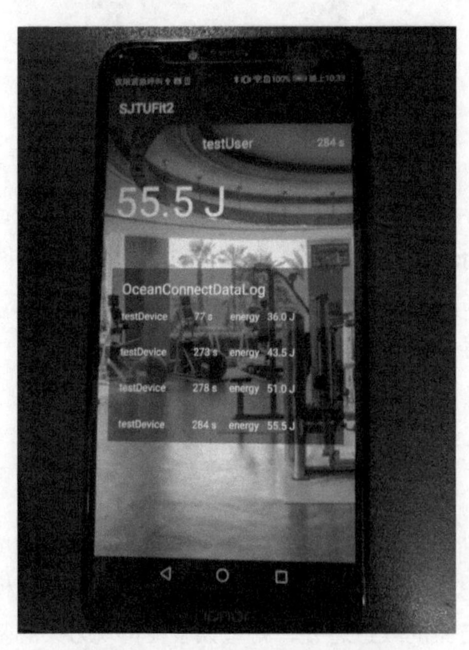

图 4-29 Android App 实机运行图

通过本案例，我们可以理解物联网技术，应用物联网平台，同时了解物联网的基础知识体系，理解物联网的无限潜力，并实际地接触到已投入市场应用的优秀的物联网技术平台——华为云物联网平台。我们不仅可以了解该平台的理论构造和特性，还可以通过官方 API 的查阅等，对依托于这个平台的开发工作产生深刻的认识和见解。

2. 未来展望

受时间和作者团队成员的开发经验所限，案例只实现了改造方案中依赖华为云物联网平台的核心功能，在未来我们的案例还有许多方面可以迭代更新。

首先，硬件层应当通过更加科学的任务调配提升硬件层与华为云物联网平台之间的沟通效率，提升硬件内代码的鲁棒性。由于硬件层是整个系统收集用户数据的最前线，如何高效率、高稳定性、高精度地进行数据测量和云端通信，将会成为未来该案例迭代优化的重点。

其次，本地的服务器具有非常多的优化可能。一方面建立在 PC 上的服务器稳定性和功能有限，未来开发中应该将当前的服务器程序迁移到商用服务器上；另一方面在服务器的并发性、稳定性、效率、数据可靠性上都有非常多的优化空间，未来如何搭建一个高效稳定的服务器也会是一个重要的优化方向。

最后，手机端 App 也有非常多可以增设的功能。一方面案例应当完成对于主流移动操作系统的移植适配工作，从而满足所有用户的需求；另一方面在服务器的协调、UI 优化、社交功能等方面，Android 端的手机 App 仍然有非常大的优化空间与需求。

相信在未来，在投入更多的时间与努力的情况下，本案例将会对健身房的智能化发挥更大的作用，做出更大的贡献。

05

第5章　基于AIoT的教务处智能管理系统

本章内容将会实现华为人工智能技术和物联网技术的紧密结合。在硬件上，使用华为人工智能开发板 Atlas200DK 及华为物联网开发板 EVB_M1；在软件上，使用华为云 ModelArts 和华为云物联网平台。在云端使用华为 ModelArts 训练出来的神经网络模型，将训练好的模型部署在华为 Atlas200DK 开发板上，通过外设摄像头采集到图像，并通过模型预测人数，然后通过串口将数据转发给物联网开发板，接着通过物联网的 NB-IoT 模块，将数据发送到华为云物联网平台，最终通过网页展示将实时人数展现出来。此实验案例可以经过进一步的优化级联服务于多种场合。

5.1 背景与需求分析

本节将从案例背景、需求分析、案例内容、开发环境等方面来进行此实验案例的可行性分析。为了便于读者理解，还将在本节最后介绍案例中将会使用的相关专业名词。

5.1.1 案例背景

高校教务管理工作是高等教育管理的一个重要环节，是高校管理工作的核心和基础。教务管理工作效率和质量更是直接影响到学校的办学效益和人才培养质量。随着信息技术的迅猛发展及高校本身的改革和发展，高等教育对教务管理工作提出了更高的要求。面对种类多、数量大的数据和报表，手工处理的教务管理方式已经不能适应现代化管理的需求，使用现代化手段的教务管理系统日益普及，从而在避免大量的重复劳动的同时，也实现教学信息资源的共享和快速集成。

经过前期初步调查，高校教务管理系统已经能较好地满足教务人员在日常工作中的课程管理、教资管理、课程安排、成绩管理、通知公告和数据分析等基本功能需求。但是对于教学质量的评判还是主要依托于线上或线下评教问卷，这既消耗大量人力、物力，也难以保证评教问卷的填写质量。而且这种方式更多是在评估教师带给学生的授课体验及教师的授课表现，教师如果在教学课堂上不点名、课下作业少、考试给分高，就很容易获得很高的问卷评分。而诸如学生实际学习过程中的课堂参与度等指标，却是无法通过单纯的评教问卷反映出来的。

5.1.2 需求分析

目前，高校教务处对教学质量的管理和评估日益重视，教务管理所采取的手段也日渐现代化，在管理中除了追求科学和高质量以外，也对高效有着很高的需求。目前高校中的教务系统已经能够满足日常的教务管理需求，但是对于教师课堂质量的评估仍采取相对传统的问卷和课堂抽查的方法。一方面，学生问卷填写的质量难以保证，对于学生而言，如果教师对课堂出勤要求不高、作业容易完成或者考试给出的分数高等，学生就很容易给教师打出很高的分数；另外，很多学生在填写问卷时为了省事只选择最优选项，这就使得问卷真实度降低，对教务管理的助益当然也会很少。另一方面，抽查听讲的方式不够灵活，一名教务管理人员只能观察一个课堂，如果要抽查足够多的样本来评估整个学校的教学质量则要花费大量的人力、物力，这给教务管理人员的工作带来了很大的难度。本案例的设计，能够让教务管理人员实时监控不同课堂的出勤状况，可以减轻工作压力，同时又反馈充分可信的数据。

对于学校而言，教学质量的管理是整个学校管理活动的重中之重。然而学校日常的运营成本也很高，如果能够以有限的成本达到更好的效果，这对学校而言则有着重要的意义。本案例的设计不需要学校花费额外的成本进行部署，只需要对原有的摄像头或者教务系统进行改造，硬件成本相对较低。在控制端选择 Web 开发实现，可以与原有的教务系统相融合，不需要额外开发新系统，而且对于教务管理人员来说，Web 端是他们主要的工作平台，他们不需要学习额外的操作，这样学习成本也会大大降低。

5.1.3 案例内容

为了解决上述问题，很多高校采取了随机抽查的方式，即安排教务管理人员随机到某个教室听课，以此作为判断实际课堂效果的依据；有的高校会安排教务管理人员监控教室动态，如果上课学生人数较少或者学生没有在教室上课，会及时联系相关授课教师。这些方法虽然解决了一部分问题，但都完全依托于人力来完成，随机抽查听课和监控教室动态都为教务管理人员增加了很大的工作量。

基于上述情况，我们设计了本案例。本案例是一个针对已有教务管理系统的优化设计方案。方案的针对群体是高校教务管理人员。轻量化的部署要求和设计实现，在节省部署成本的同时，也方便本技术方案被纳入高校已有的教务管理系统之中。本案例主要设计功能包括以下几个方面。

（1）对教室已有摄像头或监控系统进行改造，对课堂实时监控画面进行采样。

（2）通过机器学习训练获得的模型对采样图像进行分析，从而获得当前教室的实时出勤人数。

（3）将出勤人数与数据库中课程信息所包含的选课人数进行对比，可得到当前教室课堂的出勤情况及迟到早退情况，当出勤状况出现异常，系统就会及时做出提醒。

（4）在网页控制端，数据可视化呈现，教务管理人员可以直接看到出勤率变化曲线，也可以通过数据导出得到整个学期中某一课程的出勤率变化，从而更准确地评估教学质量。

5.1.4 开发环境

本案例的开发环境如下。

硬件设备：EVB_M1 实验套件、Atlas200DK、树莓派（Raspberry Pi）摄像头。

开发工具：PyCharm、Keil μVision5、Mind Studio。

运行环境：Ubuntu 16.04，64-bit。

工作环境：实验室（常温）。

5.1.5 名词解释

以下将介绍本节中所使用的专业名词。

1. AIoT

AIoT（人工智能物联网）= AI（人工智能）+ IoT（物联网），AIoT 融合 AI 技术和 IoT 技术，通过物联网产生、收集海量的数据存储于云端、边缘端，再通过大数据分析及更高形式的人工智能，实现万物数据化、万物智联化。物联网技术与人工智能追求的是一个智能化生态体系，除了技术上需要不断革新之外，技术的落地与应用更是现阶段物联网与人工智能领域亟待突破的核心问题，本案例即为 AIoT 的一个应用实例。

2. 华为云

华为云是华为公司立足于互联网领域，依托雄厚的资本和强大的云计算研发实力，为互联网增值服务运营商、大中小型企业、科研院所等广大用户提供的服务和解决方案，包括云主机、云托管、云存储等基础云服务、超算、内容分发与加速、视频托管与发布、企业 IT、云电脑、云会议、游戏托管、应用托管等。

华为云通过基于浏览器的云管理平台，以互联网线上自助服务的方式，为用户提供云计算 IT 基础设施服务，并能够通过弹性计算的能力和按需计费的方式有效帮助用户降低运维成本。本案例使用华为云的存储与云计算能力进行模型的训练。

3. ModelArts

ModelArts 是面向 AI 开发者的一站式开发平台，具备海量数据预处理和半自动化标注、大规模分布式训练、自动化模型生成，以及“端-边-云”模型按需部署能力，可以帮助用户快速创建和部署模型，管理全周期 AI 工作流，具有企业级、智能化、高性能等优势。

4. Atlas200DK

华为 Atlas 开发者套件 Atlas200 Developer Kit（Atlas200DK ）是以海思 Ascend 310 芯片为核心的一个开发板形态产品，其主要功能是将 Ascend 310 芯片的核心功能通过该板上的外围接口开放出来，方便用户快速简捷地接入，并运用 Ascend 310 芯片强大的处理能力。Atlas200DK 配备一个核心系统模块——Atlas200 模块，通过高速连接器将 Ascend 310 的主要业务接口通过底板扩展出来。它可以应用于平安城市、无人机、机器人、视频服务器、闸机等众多领域。

5.2 功能设计

本节重点介绍基于 AIoT 的教务处智能管理系统方案的系统架构设计，阐述该方案的功能设计原理，并从基于 ModelArts 的人群计数应用、基于 Atlas200DK 的南向设备、基于华为云物联网平台的物联网平台和基于 Web 的北向应用 4 个层面具体分析。

5.2.1 系统组成

本系统作为 AIoT 的一个应用实例，主要由 AI（人工智能）和 IoT（物联网）两大部分组成，且两个部分的实现全部基于华为产品。AI 部分主要依托于 ModelArts 进行数据集管理与模型训练，而 IoT 部分主要使用华为的“1+2+1”IoT 解决方案，如图 5-1 所示，涉及北向应用（包括智慧家庭、交通运输等）、物联网平台和南向设备（包含各类传感器）3 个模块。系统组成示意图如图 5-2 所示。

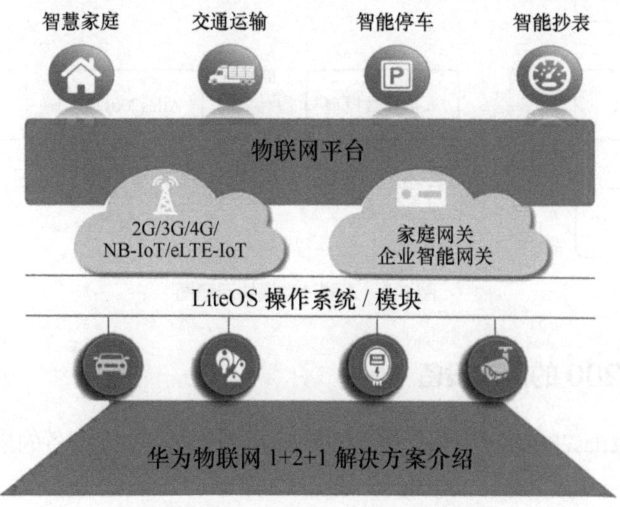

图 5-1　华为“1+2+1”IoT 解决方案

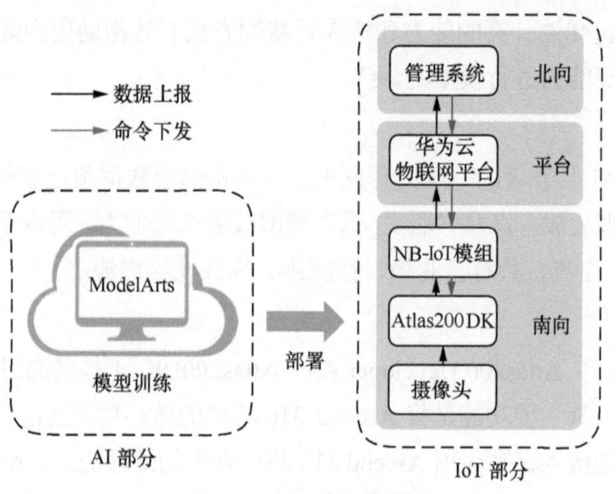

图 5-2　系统组成示意图

借助 ModelArts 和华为云的计算能力对图像识别模型进行训练，训练完成后即可将模型部署到 Atlas200DK 开发板上，当教室监控摄像头完成拍摄，将拍摄图像输入 Atlas200DK 即可得到当前教室的实际出勤人数。Atlas200DK 判断得到的数据，通过 NB-IoT 模组传入华为云物联网平台，网页端的管理系统即可通过此平台完成数据获取及命令下发过程，从而使教务管理人员在网页端能实时获取学生的出勤信息。

5.2.2　基于 ModelArts 的人群计数应用

人群计数应用的核心任务是通过摄像头拍摄捕获的图片，实时检测当前教室中的学生数量，因此，本系统的构建是极为重要的一个模块。ModelArts 是华为面向 AI 开发者的一站式开发平台，在本系统中，我们主要使用 ModelArts 平台训练和评估人群计数的深度学习模型，为后面将该模型部署至 Atlas200DK 上奠定基础。人群计数模块如图 5-3 所示。

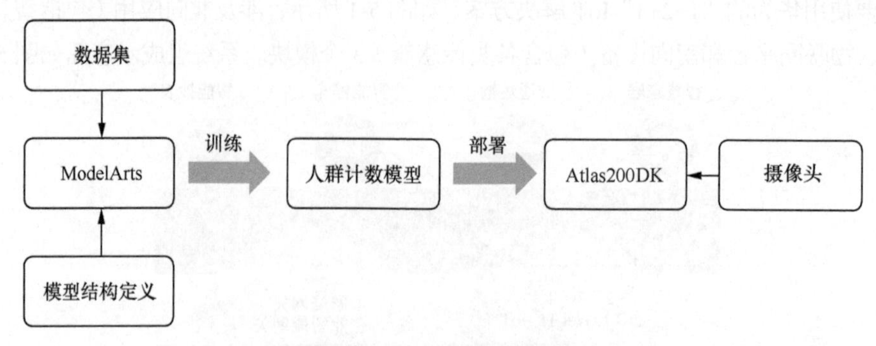

图 5-3　人群计数模块示意图

5.2.3　基于 Atlas200 的南向设备

本系统使用华为 Atlas200DK 和物联网开发板 EVB_M1 进行南向设备的搭建。华为 Atlas 开发者套件 Atlas200 Developer Kit（Atlas200DK　）如图 5-4 所示。

图 5-4　Atlas200DK

EVB_M1 是以 STM32L4 为主控 MCU、以 BC95 为通信模组的 NB-IoT 开发板，如图 5-5 所示。它具有丰富的板载资源和超低功耗的硬件选型。开发板设计小巧，具有板载 OLED、电池供电、eSIM 等多种特色功能。

图 5-5　EVB_M1 开发板

进行南向设备搭建时，首先通过连接在 Atlas200DK 上的树莓派摄像头进行图像数据的采集，数据经过解码后送入 Atlas200 计算模块进行深度神经网络模型的预处理与推演。计算得到的数据结果通过 I2C 串行通信接口发送至 EVB_M1 物联网开发板，EVB_M1 在接收到数据后通过板载 NB-IoT 模组上发至华为云物联网平台，从而实现南向设备与华为云物联网平台的对接。

5.2.4　基于华为云物联网平台的物联网平台

华为云物联网平台是华为公司基于物联网、云计算和大数据等技术打造的开放生态环境。用华为云物联网平台，可以方便地将海量物联网终端连接到物联网云平台，实现设备和平台之间数据采集和命令下发的双向通信，可以对设备进行高效、可视化的管理，对数据进行整合分析，并通过调用平台强大的开放能力，快速构建创新的物联网业务。华为云物联网平台项目开发流程如图 5-6 所示。

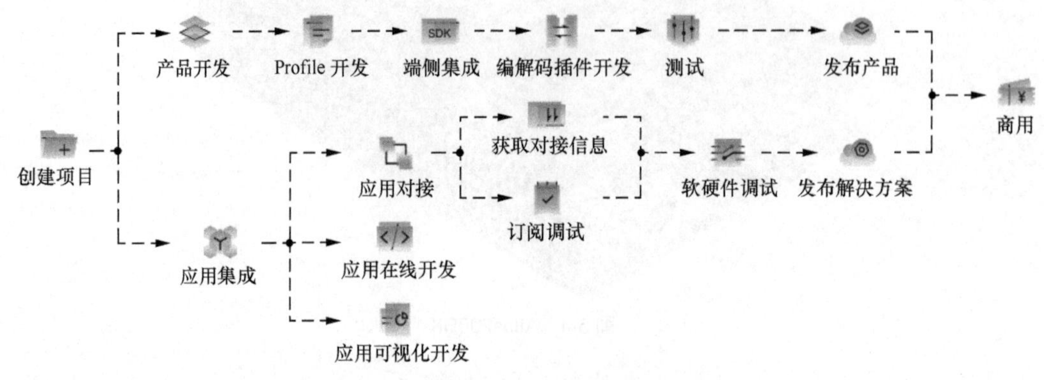

图 5-6　华为云物联网平台项目开发流程

5.2.5　基于 Web 的北向应用

为了适应日常办公情景，方便并入高校已有教务系统，北向应用端选择了基于 HTML+CSS+JavaScript 架构的网页实现控制和监测的功能。在网页端，管理系统主要可以实现如下功能。

（1）系统登录与登出。

（2）出勤率获取与可视化显示。

（3）出勤率异常情况提醒。

（4）数据导出与综合分析。

（5）教务邮件系统。

（6）课程与通知管理。

（7）个人信息及系统设置等。

网页功能结构示意图如图 5-7 所示。

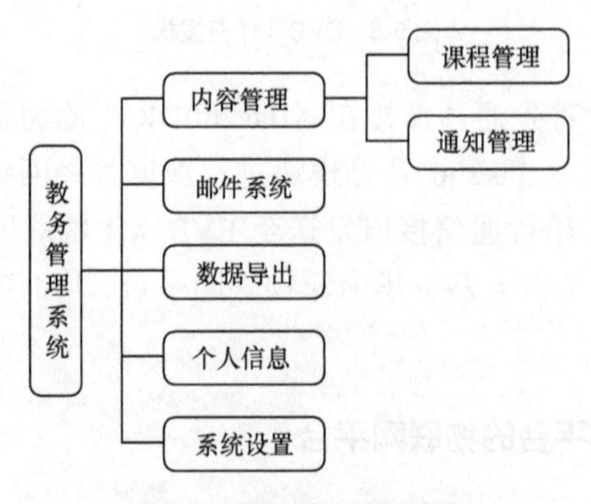

图 5-7　网页功能结构示意图

5.3 系统实现

本节描述了整个系统功能实现的具体步骤，同样从 4 个层面进行讲解。首先介绍基于 ModelArts 的深度学习应用，接下来介绍感知层中 Atlas200DK 和 EVB_M1 物联网开发板的通信方式及工作原理，最后分别介绍华为云物联网平台 Profile 文件和编解码插件及北向软件开发技术。

5.3.1 基于 ModelArts 的深度学习应用

关于基于 ModelArts 的深度学习应用，我们应掌握选择深度学习模型、使用 ModelArts 训练模型的方法及相应的技术难点。

1. 选择深度学习模型

人群计数的目的在于统计场景中的人群数目。人群计数在视频监控、交通监测、公共安全、智慧教育等方面有着广泛的应用。人群计数方法主要有两大类：

（1）基于目标检测的方法。这类方法就是通过对图像上每个行人或者人头进行定位与识别，再根据结果统计人数。其优点是可以准确定位行人或者人头位置，但其缺点在于对高密度的人群图像的检测效果较差。

（2）基于回归的方法。这类方法可以叫作人群数目估计。此方法没有精确定位人头的位置，而是对大概的人数给出一个估计值；其优点在于对高密度人群图像的检测效果要比基于目标检测方法的检测效果好，但缺点在于此方法没有精确的定位。

基于回归的方法主要分为两大类。

① 直接回归：如在深度学习的卷积神经网络中输入人群图像，直接输出一个人数估计值。

② 密度图回归：在人群计数的数据集中（已知的数据集由每一张人群图像中的每个人头所在近似中心位置的坐标组成），密度图回归就是根据一张照片的人头位置，估计该位置所在人头的像素大小，得到该人头的覆盖区域（例如覆盖 3×3 个像素点），通过某种算法（MCNN 中采用几何自适应高斯核），计算出该区域内可能为人头的概率（3×3 个像素点分别对应不同概率值），该区域概率和为 1，最终我们可以得到整张照片的人群密度图，密度图所有概率为 1 的区域相加，即为最终的人数估计值。

考虑到教室是人群密度较大的人群聚集地，且摄像头拍摄角度、上课学生的遮挡等问题，会导致基于目标检测的方法出现较大问题，而一般来说基于密度图回归的估计方法优于直接回归，因此我们选择基于密度图回归的方法。通过构建的深度学习模型，预测输入图片的密度估计图，最终得到教室内的人数估计值。

我们最终选择的模型是 2016 年 CVPR 会议提出的多列卷积神经网络（Multi-column Convolutional Neural Network，MCNN）模型。该模型是一个端到端的模型，模型尺寸比较小，推演速度快，训练及推演的资源开销较小，同时该模型结构比较简单，更加方便被部署到 Atlas200DK 之中。而训练集采用的是 MCNN 提到的数据集 ShanghaiTech dataset。该数据集是一个大型人群数据集，有近 1 200 张图像和大约 330 000 个精确标记的头部。图 5-8 为该模型结构示意图。

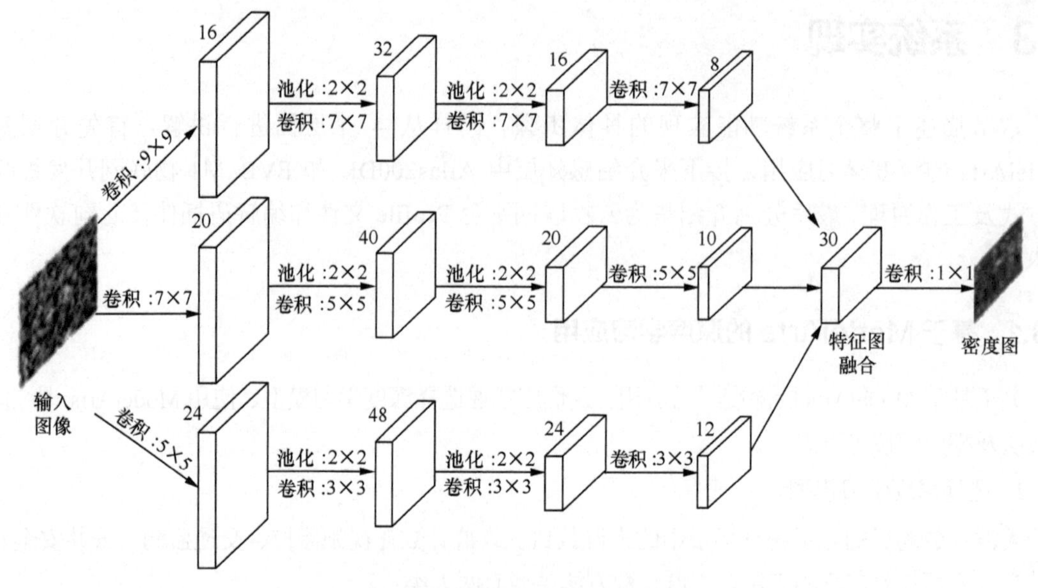

图 5-8　MCNN 模型结构示意图

2. 使用 ModelArts 训练模型

在该部分中，我们要将本地实现的训练代码部署到 ModelArts 之中，并使用 ModelArts 提供的 GPU 计算资源完成模型的训练。

首先需要将数据集及训练代码上传至华为云对象存储服务 OBS 桶中，方便后面云计算资源的调用和访问，如图 5-9 所示。在该部分需要注意的是，要将数据集与训练代码剥离开，上传至 OBS 桶的不同目录中，否则可能导致后面训练作业无法创建。由于数据集较大，且包含文件过多，因此推荐使用 OBS Brower 应用来上传，该应用提供了文件夹上传功能，能大大方便我们的操作。

对象　已删除对象　碎片

对象是数据存储的基本单位，在OBS中文件和文件夹都是对象。您可以上传任何类型（文本、图片、视频等）的文件，并在桶中对这些文件进行管理。了解更多

上传对象　新建文件夹　恢复　删除　修改存储类别

名称	存储类别	大小
train_mnist	–	–
train-log	–	–
mnist-model	–	–
mnist-MoXing-code	–	–
dataset-mnist	–	–
MCNN	–	–
DATA	–	–

图 5-9　华为云对象储存服务

上传完成之后，便可以在 ModelArts 上创建训练作业。设置好数据存储位置、训练的启动文件和资源池等关键参数后，即可完成训练作业的创建并开始训练，如图 5-10 所示。

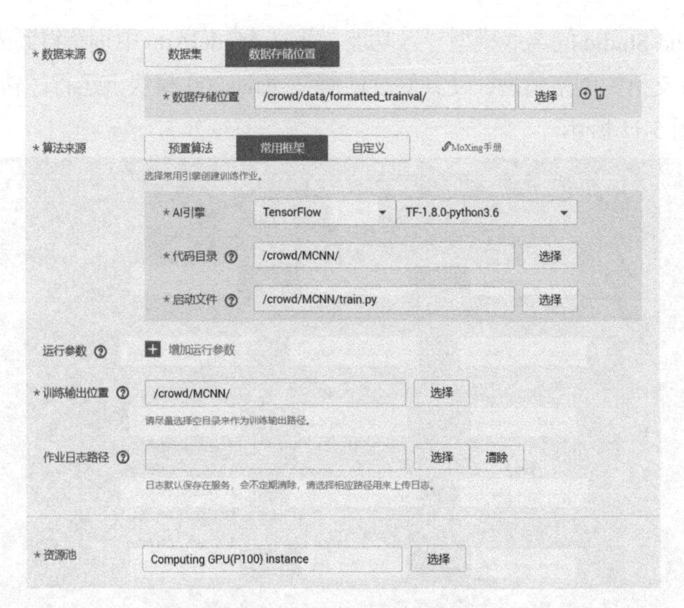

图 5-10　训练作业的创建

训练结束后，便可以去存储输出模型的目录之中获得模型，并继续进行下一步的部署任务。

3. 技术难点探讨

这部分的技术难点主要包括模型训练过程中的参数调整与 OBS 桶数据访问中遇到的困难。

（1）模型训练的调参。

模型调参是机器学习任务中不可回避的问题，在本案例中，我们主要调整的参数有 learning-rate、Optimizer、Epoch 等。这里的模型调参，我们更多地是进行一个尝试的过程，因此不再详细展开。

（2）OBS 桶数据的访问。

使用 ModelArts 时，用户数据存放在自己的 OBS 桶中。OBS 桶中的数据都有对应的 s3 路径，例如 s3://bucket_name/dir/image.jpg。ModelArts 训练作业运行在容器中，如果要访问 OBS 数据，需要通过数据对应的 s3 路径进行访问。此时，不能再直接使用访问容器本地路径的方式去访问 s3 路径，比如不能再使用 os.listdir()等方法。

而华为的 Moxing API 提供了一套文件对象 API：mox.file API，可以用来读写本地文件，同时也支持 OBS 文件系统。只要将以下代码写到启动脚本的最前面，在之后的 Python 运行中，几乎所有操作本地文件的接口都可以支持 s3 路径。

```
import moxing asmox
mox.file.shift('os', 'mox')
```

5.3.2　感知层（LiteOS）

这一部分内容主要介绍感知层设计原理，包括 Atlas200 项目、EVB_M1 的搭建和部署，以及部署过程中的技术难点探讨。

1. Atlas200 项目搭建和部署

（1）项目工程创建和模型导入。

首先，通过 Mind Studio 在 Web 可视化界面中创建 Atlas200 所需的项目工程文件。

其次，利用 Mind Studio 的离线模型导入功能，将在 ModelArts 中训练得到的 Tensorflow 模型转换成华为 NPU 芯片支持的网络模型，使其后续能够在 Atlas200 模块上运行。转换出的模型在 Mind Studio 中可视化如图 5-11 所示。

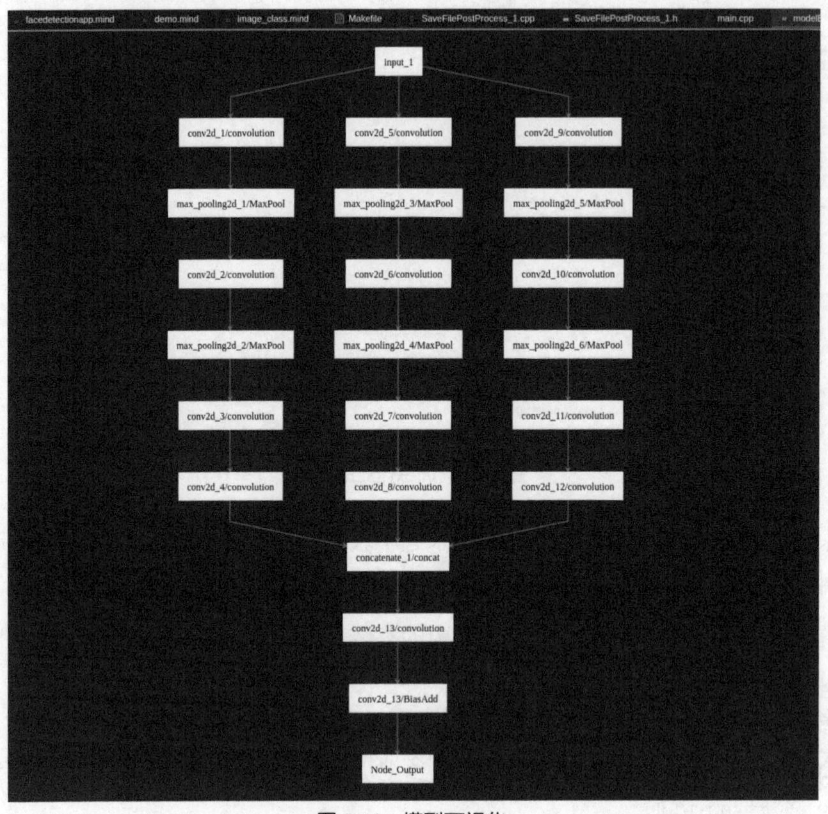

图 5-11　模型可视化

最后，在 Mind Studio 中进行项目流程编排，如图 5-12 所示，使用导入的网络模型进行 Engine 编排开发，最终得到完整的项目工程架构。

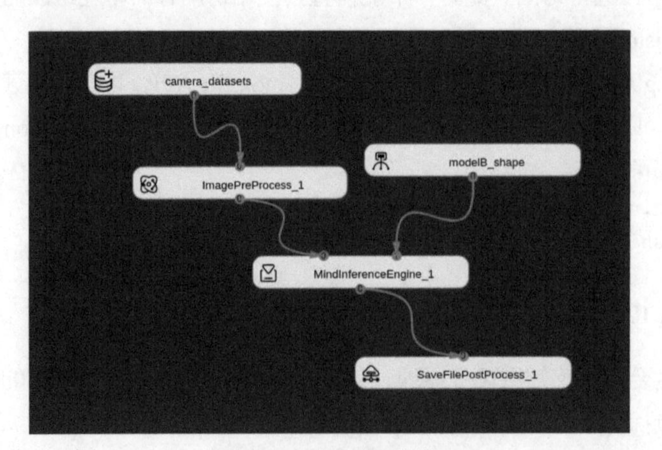

图 5-12　项目流程编排

（2）工程模块代码修改。

经过上一步的项目流程编排之后，通过 Mind Studio 的项目文件管理可以看到，在当前工程目录下自动生成了各个模块，如数据获取、数据预处理和网络模型等模块的相应代码块。

由于该系统中，Atlas200DK 需要与 EVB_M1 开发板进行通信，因此我们在 postprocess 数据后处理模块中补充相应的代码，打开 Atlas200DK 的 Linux 系统底层 I2C 串行通信设备。在每一次得到预测结果后，我们使用 I2C 方式将数据发送至 EVB_M1 开发板，从而进行后续的数据接收和处理。

2. EVB_M1 搭建和部署

（1）EVB_M1 接收 Atlas200DK 数据。

在实物搭建上，使用导线将 Atlas200DK 和 EVB_M1 开发板对应的 I2C 数据接口进行硬件连接。之后对 EVB_M1 开发板进行 I2C 的配置编程，打通 EVB_M1 与 Atlas200DK 之间的数据通信，从而使得 EVB_M1 开发板能够通过 I2C 接口接收到 Atlas200DK 传来的人数预测结果，进行后续的数据处理和发送。

（2）EVB_M1 发送数据至华为云物联网平台。

本案例使用 UART 串口通信方式，连接 EVB_M1 主控芯片 STM32L431RBTx 与板载 NB-IoT 模块。在对 NB-IoT 模组进行初始化配置与设备注册之后，MCU 将需要发送的数据进行格式化处理，再发送至与 NB-IoT 模组相连的 UART 串口，华为云物联网平台即可接收 NB-IoT 模组上报的数据。

3. 技术难点探讨

该部分最大的难点在于 Atlas200DK 与 EVB_M1 之间的数据通信。嵌入式设备之间的通信，往往有 SPI、I2C、UART 等通信方式，在这里我们最终使用了 I2C 作为 Atlas200DK 与 EVB_M1 之间的通信方式。

由于 Atlas200DK 使用 Linux 操作系统，且开发板设计人员已完成 Linux 对于底层外设驱动的开发，因此可以在 Atlas200DK 的 Linux 操作系统中通过读写文件的方式对 Atlas200DK 的 I2C 接口进行操作，从而完成 Atlas200DK 与 EVM_M1 开发板之间的数据传输。

5.3.3　控制层（华为云物联网平台）

这一部分主要介绍在华为云物联网平台上的 Profile 文件和编解码插件的开发与测试过程。

1. Profile 文件开发

华为云物联网平台上 Profile 文件的功能及其开发已在本书 3.2.3 和 3.3.2 小节中进行介绍，在此不赘述。图 5-13 是本案例在华为云物联网平台上定义的 Profile 格式。

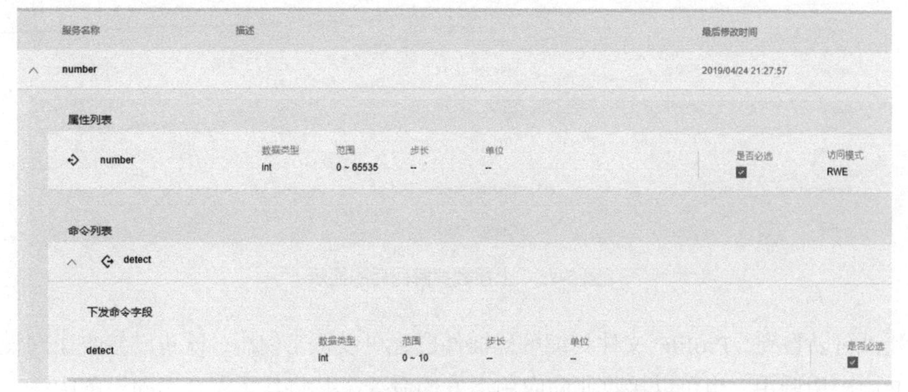

图 5-13　华为云物联网平台上定义的 Profile 格式

2. 编解码插件的开发

编解码插件的功能已在 2.3.2、3.2.3 和 3.3.2 小节中进行介绍，在此不赘述。图 5-14 为本案例在华为云物联网平台上的编解码插件开发展示图。

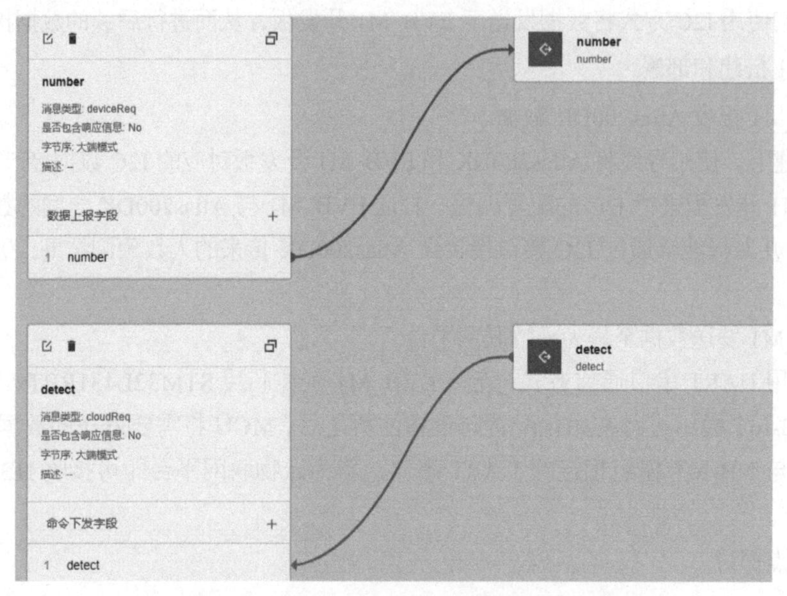

图 5-14　华为云物联网平台上的编解码插件开发展示图

3. Profile 文件与编解码插件测试

当在华为云物联网平台上完成 Profile 文件与编解码插件的开发工作之后，即可对其进行测试。首先需要在华为云物联网平台上注册设备。选用刚定义好的 Profile 文件，填入设备名称与设备唯一标识号，即可完成设备注册。

通过串口工具，用 NB-IoT 模组向平台发送数据，可以看到，该设备的历史数据中出现了我们上报的数据，上报数据解码后的显示如图 5-15 所示。同时，使用平台中的命令下发功能，下发我们在 Profile 文件中定义的命令，此时会发现，命令处于等待下发状态，而并没有马上下发。这是由于 NB-IoT 设备为了节省功耗，一般情况下都处于休眠状态，因此一般平台只有在 NB-IoT 设备上报数据时，才真正将命令下发至南向设备。

服务	数据详情	时间
number	{ "number": 98 }	2019/04/24 21:51:08
number	{ "number": 235 }	2019/04/24 21:50:29
number	{ "number": 171 }	2019/04/24 21:49:35
number	{ "number": 184 }	2019/04/24 21:36:48
number	{ "number": 140 }	2019/04/24 21:36:29
number	{ "number": 125 }	2019/04/24 21:36:26

图 5-15　上报数据解码后的显示

经过测试可以看到，Profile 文件与编解码插件已经可以正常使用，既可以接收南向设备上报的数据，供北向应用调用，也可以接收北向应用下发的命令，并将其下发至南向设备中。上报数据后下发命令的显示如图 5-16 所示，可以看到，在上报数据之后，命令的状态显示为“已送达”。

状态	命令ID	命令内容
已送达	a35d9f7f544e437394d3e75d6ec2aafe	{ "serviceId": "number", "method": "detect", "paras": { "detect": 0 } }
已送达	6fd5f49e7ce74025a3eb25c2f8f902e5	{ "serviceId": "number", "method": "detect", "paras": { "detect": 0 } }
已送达	21db00ecab7046f48c17d9fa549b151c	{ "serviceId": "number", "method": "detect", "paras": { "detect": 1 } }

图 5-16　上报数据后下发命令的显示

5.3.4　软件开发技术（北向）

在北向软件开发技术中，主要介绍设计原理、技术实现和相应的技术难点探讨这 3 部分内容。

1. 设计原理

现有的 Web 页面的实现绝大多数是基于 HTML+CSS+JavaScript（JS）结构，3 种语言的配合在实现网页基本功能的同时，也使网页拥有了自身的逻辑结构和美术风格。一个网页一般可以从 3 部分进行分析，分别为：结构、表现和行为。而这 3 部分则分别可以用 HTML、CSS 和 JavaScript 来实现。

HTML：Hyper Text Markup Language，即超文本标识语言。HTML 是制作网页最基本的语言，并且只能通过 Web 浏览器显示出来，HTML 是一种文本解释性的程序语言，源代码将不经过编译而直接在浏览器中运行并显示。

CSS：Cascading Style Sheets，即层叠样式表。CSS 是控制 Web 页面外观的一系列格式规则，通过控制网页内容的外观来美化网页。CSS 可以在不对 HTML 文件进行修改的情况下对网页的布局定位进行精确修改，它可以嵌入 HTML 文档中，也可以以单独文件的形式存在。

JavaScript：JavaScript 是一种基于对象和事件驱动并具有安全性能的脚本语言，可以与 HTML 语言一起实现在一个 Web 页面中链接多个对象，开发客户端的应用程序。JavaScript 通过嵌入 HTML 语言或者在 HTML 中调用的方法实现，同时弥补了 HTML 语言只能制作静态网页的缺陷。

2. 技术实现

在北向软件开发中，我们需要对网页进行基本的交互和 UI 设计，使其能够满足用户的基本需求。

为了便于用户直观地获得数据信息、了解数据变化趋势，本系统采用折线图的方式来表现数据，同时考虑到数据在实时变化，因此将数据显示界面作为一个 iframe 嵌入初始界面中，形成可视化图表，如图 5-17 所示。选用 Echarts 作为可视化实现工具，以 script 标签的形式嵌入 HTML 代码中即可快速引入，如图 5-18 所示。

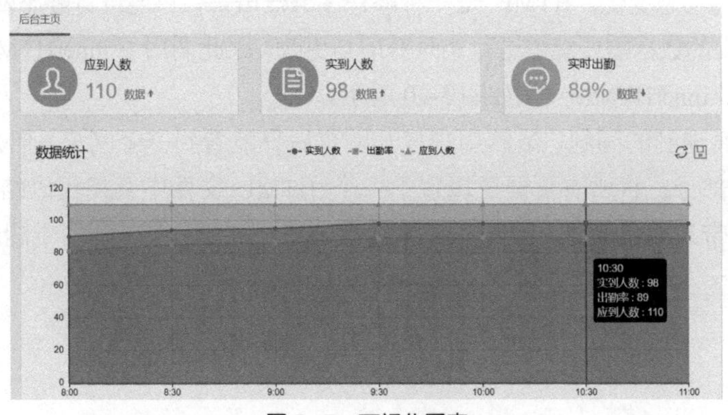

图 5-17　可视化图表

```
<!DOCTYPE html>
<html>
<head>
    <meta charset="utf-8">
    <!-- 引入 ECharts 文件 -->
    <script src="echarts.min.js"></script>
</head>
</html>
```

图 5-18　Echarts 的快速引入

华为云物联网平台中的数据可以通过已有的 API 获取，在网页中发起 HTTPS Request，通过指定的 GET 或者 POST 方式完成数据读取和命令下发。在实际情况中，课堂人数一般不会有太大变动，所以数据的读取设置为每半小时一次。

网页与华为云物联网平台的通信如图 5-19 所示，主要经历了以下几个步骤：①命令下发，间隔 30min；②Atlas200DK 收到命令后运行模型；③模型运行后将判断结果上传至华为云物联网平台；④管理系统从华为云物联网平台读取数据；⑤将数据与原有教务数据库中的应到人数比对，获得出勤率并显示。

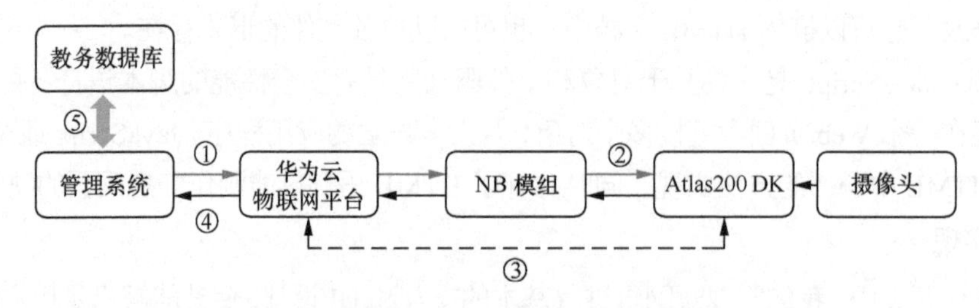

图 5-19　网页与华为云物联网平台的通信

3. 技术难点探讨

该部分的技术难点主要包括静态网页的动态变化和 iframe 嵌套遇到的问题。

（1）静态网页的动态变化。HTML 是一种解释性编程语言，只能进行静态网页的设计，但是在实际应用中，Web 中的数据需要能够进行实时获取与更改，因此调用了 innerHTML 来实现对 Web 中的特定元素的修改，innerHTML 实例如图 5-20 所示。

（2）iframe 嵌套遇到的问题。虽然用户打开网页后只能看到一个网页，但是在 Web 页面中包含很多相互独立的部分，将所有页面逻辑置于一个 HTML 文件中会使代码结构过于庞杂，同时也会给后续的迭代带来很多麻烦。因此在开发过程中将主界面分解，调用不同的 iframe 来优化代码结构。

```
<!DOCTYPE html>
<html>
<head>
<meta charset="utf-8">
<title>innerHTML实例</title>
<script>
function changeLink(){
    document.getElementById('myAnchor').innerHTML="EXAMPLE";
    document.getElementById('myAnchor').href="//www.example.com";
    document.getElementById('myAnchor').target="_blank";
}
</script>
</head>
<body>

<a id="myAnchor" href="//www.success.com">Microsoft</a>
<input type="button" onclick="changeLink()" value="修改">

</body>
</html>
```

图 5-20　innerHTML 实例

5.3.5　实现部分

本案例中，我们初步实现了基于 AIoT 的教务智能管理系统的雏形，图 5-21 是我们所做的 demo 的系统总览图。在本系统中，我们已经实现教务智能管理系统所需功能，可以在 Web 应用中动态监测当前摄像头捕捉图片中的人数，并可视化地呈现给用户，且在人数与实际应到人数严重不符时发出预警。这可以帮助教务人员评估有关课程的学生有无正常出勤及教师是否起到督促作用等。

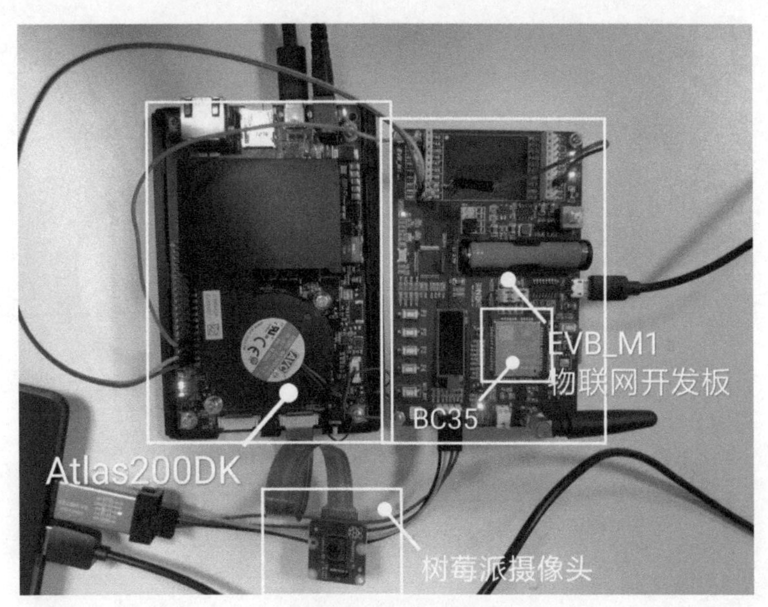

图 5-21　系统总览图

5.4 总结与展望

本章讲解了基于 AIoT 的教务处智能管理系统的实现，从整体角度分析了该方案的实现意义和价值，展示了该方案的结论，同时指出了该方案待改进之处。希望读者可以在再现方案的基础上持续优化，包括模型优化及应用场合选择等，从而产生更好的结果。

目前的系统只能具备基本功能的雏形，仍有许多可以改进的部分。

首先，对于人群计数的深度学习模型，目前采用是 2016 年 CVPR 会议提出的 MCNN 模型，其精度并不是很高。可以继续尝试新的人群计数模型，或者基于已有模型进行结构修改，以提升精度。

其次，对于整个系统的功能，目前只是初步涵盖了人数统计的功能，之后还可以继续增加功能，如训练模型以检测学生是否在认真听课等，进一步帮助教务处评估课堂质量。

最后，在 Web 应用部分，该应用目前还处于独立工作的状态，没有很好地与教务处系统结合在一起，接下来也需要进一步做到两者的集成。本案例的系统操作说明书见附录。

06 第6章　基于NB-IoT的AED智能管理系统

本章通过华为物联网平台技术的应用，介绍了一套基于 NB-IoT 的 AED 智能管理系统。通过 AED 和云平台之间的注册信息，来更新 AED 在微信小程序地图中的位置，以最低的成本来为人们提供及时的急救帮助。该系统按照功能设计可分为管理平台、移动客户端、维护平台 3 层结构，其中管理平台显示 AED 的目前工作状态，移动客户端方便用户查看目前最近未使用的 AED 硬件位置，维护平台主要面向工作人员，便于对 AED 硬件进行检查和维护。具体的功能实现参照物联网的通用分层协议，从感知层、控制层、传输层、平台层和应用层等方面具体分析讲解。

6.1 背景与需求分析

随着人们物质生活水平的提高及人口老龄化发展，及时有效的心脏急救越来越重要。本节将从案例背景、需求分析两方面来进行本案例的可行性分析。

6.1.1 案例背景

目前，全球的心血管疾病患病率和死亡率都处于上升阶段，心源性猝死（Sudden Cardiac Death，SCD）已成为主要的致死原因。导致 SCD 的主要原因是室性心动过速和室颤，早期电除颤是增加患者生存率的主要方法。救护车通常会配备专业的除颤仪，然而限于较长的院前急救反应时间，救护车通常无法在 5 分钟内及时到达现场，从而错过了救援的黄金时间。因此，一种广泛放置于公共场所、供百姓在紧急医疗事件发生时使用的便携式体外除颤仪的开发被逐渐提上日程。

自动体外除颤仪（Automated External Defibrillator，AED）是一种自动化程度极高的除颤设备。目前国外的 AED 生产厂家有美国的美敦力（Medtronic）公司、荷兰的飞利浦（Phillips）公司和日本的光电公司等，国内主要是迈瑞（mindray）公司在进行 AED 的生产。迈瑞 BeneHeart D1 型 AED 的实物图如图 6-1 所示。

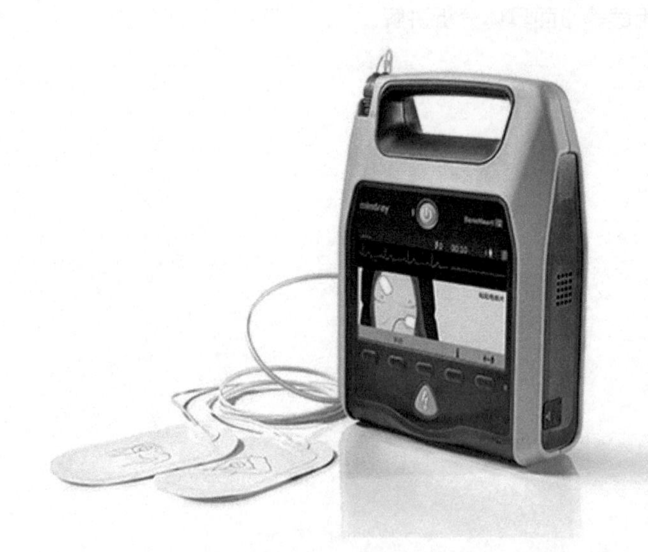

图 6-1　迈瑞 BeneHeart D1 型 AED 实物图

AED 具有自动分析心率的功能，在把电极片贴于患者胸部适当位置后，可迅速识别和判断患者的可除颤性心率，并告知使用者，建议其实施除颤。使用者只需轻轻点击按钮，即可完成除颤过程。因此 AED 使用者几乎不需要任何专业知识，只需经过 3 小时左右的培训便可熟练操作 AED。欧美国家在多年前就开展了“公众启动除颤”（Public Access Defibrillation，PAD）计划，在人员密集的公共场所与大型社区部署 AED，以便在心脏骤停发生时由熟悉 AED 使用的“第一反应人”在第一时间对患者实施除颤，从而挽救患者的生命。事实证明，PAD 计划的推广有利于提高心脏骤停患者的生存率，例如美国的大城市推广 PAD 计划后，心脏骤停患者的生存率提高了近 40%。

中国的 AED 工程开始于 2004 年，从现阶段来看，AED 在中国主要部署在大型城市的机场、火车站和地铁站等，在特大型城市的核心区域部署密度相对较大。图 6-2 展示了上海中心城区的 AED 分布情况。

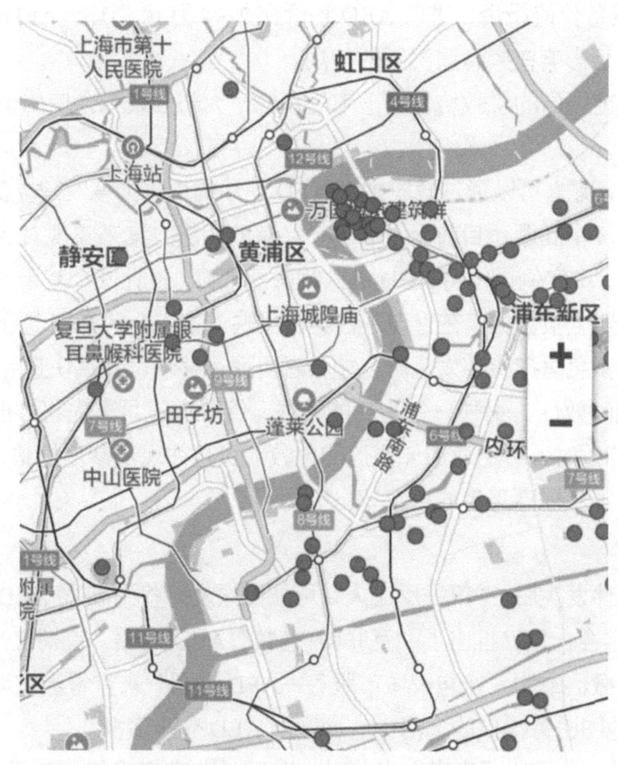

图 6-2　上海中心城区的 AED 分布情况（红点表示 AED）

但是，从整体上来看，中国的 AED 部署情况还是远远不如发达国家。据公开资料显示，截至 2015 年，全国固定 AED 的部署数量不足千台，每 10 万人仅配备 0.2 ~ 0.3 台 AED，远低于日本——世界 AED 人均部署数量最多的国家的 393.7 台。但是，可喜的是，政府逐渐意识到了 AED 在院前急救方面的重要性，也认识到建立和完善 AED 网络已经到了刻不容缓的地步，因此仅 2016 年一年全国新增 AED 部署数量就超过 2 000 台，其中仅上海一地就新增 700 多台。使用 AED 成功抢救心脏骤停患者的事例也开始见诸报端，例如，2017 年 5 月 2 日，一名加拿大男子在上海浦东国际机场突然晕厥，经 AED 抢救后成功脱离生命危险。除此之外，AED 也逐渐在国内各大马拉松赛事上起到重大作用，已有多个使用 AED 成功抢救马拉松参赛者的例子。由此观之，在中国政府的不断倡导和推动下，不久的将来，中国使用 AED 进行对心脏骤停患者的院前急救将会得到更高程度的普及，AED 部署数量也将逐渐与发达国家齐平。

6.1.2　需求分析

上一小节已经详细阐述了 AED 对增加心脏骤停患者生存率的重要性，然而在实际应用中，通常会遇到以下几个问题。

设备找寻：当有紧急医疗事件发生时，“第一反应人”往往无法及时获知周边 AED 的部署情况，从而无法快速获取最近的 AED（假定心脏骤停患者处于 AED 覆盖密度较大的区域，例如上海中心城区）。

设备维护：电量是决定 AED 能否正常工作的关键因素，AED 长时间静置会导致电量流失，如果不加维护，很有可能导致在有紧急医疗事件发生时，该 AED 无法正常工作。

设备防盗：AED 设备价值昂贵，进口 AED 均价在 2～4 万元，国产 AED 价格也在 1 万元以上，一旦被盗，损失较大，且影响在紧急情况下的使用。

设备使用：由于目前国内的急救培训覆盖率仍较低，大部分人不会使用也不敢使用 AED，从而造成了 AED 的闲置。

对于上述最后一个问题，可以通过政府加大 AED 使用的培训力度及建立健全急救相关法律法规得以解决。而对于另外 3 个问题，目前尚未有一个完整的解决方案来实现对 AED 的管理。

为了解决以上问题，本案例提出将 AED 纳入物联网范畴，设计一个基于 NB-IoT 的 AED 智能管理系统，通过设备传感器上报数据，在管理平台实时反映设备安全状态和电量情况，保证 AED 的有效性。与此同时，当有紧急医疗事件发生时，施救者可通过移动客户端快速寻找最近可用的 AED，从而尽可能保证抢救的时效性。另外，作为功能拓展，管理方还可事先将注册急救人员的信息导入系统，当某个 AED 被启用时，可迅速通知周边的急救人员赶往现场参与抢救，从而填补救护车到达现场前的急救空白，进一步提高患者的生存率。

1. 设备找寻

针对在紧急医疗事件发生后，“第一反应人”可能无法及时找到周边 AED 这一问题，腾讯公司在 2016 年与中国红十字会合作，推出了“互联网+急救”AED 地图，首期仅开放上海和深圳两个城市。用户可以通过点击微信中的“钱包—城市服务—AED 地图”来查看当前城市的 AED 分布情况。图 6-2 便是腾讯 AED 地图服务提供的上海中心城区的 AED 分布情况。

然而，必须认识到，当紧急医疗事件发生时，时间是非常宝贵的。腾讯 AED 地图虽然能够显示周边的 AED 部署情况，但是其使用方法却相对复杂。使用者需要多次点击按钮或在文本框内输入文字才能看到 AED 地图，且需要自行点击图中的点（代表 AED）才能获得 AED 的具体位置。这些操作一定程度上阻碍了使用者及时获取 AED。而且，该地图仅提供了周边 AED 的分布情况，并未对距离使用者最近的 AED 进行提示，当周边 AED 部署密度较大时，使用者将很难及时找到距离自己最近的 AED。在紧急医疗事件发生时，使用者往往会处于一种焦虑的情绪中，误操作的可能性增大，从而进一步延长了使用者寻找 AED 的时间。除此之外，该地图仅显示已部署的 AED 设备，并不能告知用户某一设备是否能够正常工作（如是否被盗、是否出现故障等），从而增大了用户无法及时获取可正常工作 AED 的可能性。因此，腾讯 AED 地图只能在一定程度上解决 AED 的寻找问题。

为了弥补上述不足，本案例在腾讯 AED 地图的基础之上添加了地图交互功能，使用者每次打开 App，系统便会自动提示距离其最近的 AED 位置，使用者无须任何其他操作便可立刻获知自己需要前往的目的地，大大简化了寻找 AED 的过程，从而为抢救赢得了更多的时间。另外，相比于传统的 AED 地图，本案例的 App 上可以显示该 AED 的状态，如果 AED 被盗、电量过低或是正在被其他人使用，则地图上将使用不同颜色的点来标记这些 AED，从而将其与可正常使用的 AED 区分开来，避免使用者误取无法使用或并没有在位的 AED。

2. 设备维护

AED 维护的重点便是设备电量，AED 的电量是决定 AED 能否正常工作的关键因素，过低的电量将导致 AED 无法完成一次完整的充放电，即无法完成除颤操作，从而影响抢救进程。目前，AED 的维护主要还是依靠人工定期巡视的方式，通过观察 AED 上的状态指示灯来判断 AED 是否正常。由于 AED 发生机械故障的概率较低，且 AED 的电池寿命一般为 2～4 年，因此在实际运作中，对 AED 的巡视维护频率极低，甚至根本不维护，这些行为都有可能导致 AED 在关键时刻无法发挥应有的作用，从而错失抢救的最佳时机。加大巡视维护频率或采取专人看管的方式固然可以保证 AED 的正常使用，却极大地浪费了人力、物力，效率低下，也是一种不可取的方式。因此，必须采取一种既保证质量又能兼顾效率的方法来解决 AED 的维护问题。

为此，本案例在 AED 内部增设 NB-IoT 模组，使得其原本自带的电量和故障检测结果信息可以通过 NB-IoT 模组发送至 AED 设备管理平台。管理方工作人员只需观测上报数据便可实时了解设备的工作状态，如果设备出现故障，便可以立刻派遣维修人员前去维修。如此一来，管理方不再需要派人定期巡查 AED，又可实时了解所有 AED 的状态，可以较大程度节省人力、物力，同时提高工作效率。

3. 设备防盗

与维护问题一样，AED 的防盗问题也是一直困扰 AED 设备管理方的一个重大问题。为了解决 AED 的防盗问题，目前有两种较为常见的做法。一种是将 AED 上锁，使用时需要由专门的人（一般为保安等）来开锁；另一种是直接将 AED 放在有人看管的地方，如机场和购物中心的问询台等。对于前者，虽然能保障 AED 的安全，但是当紧急医疗事件发生时，使用者需要寻找相应的负责人开锁，这个过程势必包含不断的问询过程，很有可能最终无法找到相应的负责人，即使找到了，也浪费了太多的时间，从而延误了抢救的时机，因此不可取。而对于后者，它虽然为使用者省去了开锁的环节，节约了时间，但是其适用范围较为狭窄，仅适合有问询台的室内场所，而在如广场和公园这样的室外场所，AED 就无从放置。

为了解决这一问题，本案例在 AED 内部新增一个传感器，用于监测设备的运动状态，并实时上报管理平台。当 AED 发生非合法运动，即在非使用或维护状态下发生运动，则监测系统将立即发出警告，告知工作人员设备被盗，从而启动相应程序。与设备维护类似，通过这种远程监控方式，可以避免对 AED 上锁，从而使使用者在紧急情况下能够更加顺畅地获得 AED 设备。

6.2　功能设计

本节重点介绍基于 NB-IoT 的 AED 智能管理系统的系统架构，阐述该方案的功能设计原理，并从管理平台、移动客户端、维护平台 3 个层面具体分析。

6.2.1　系统架构

图 6-3 为 AED 智能管理系统的整体架构。AED 定时将采集到的数据上报至云平台，管理平台和移动客户端从云平台获取数据，并在界面上实时显示各 AED 的工作状态。与此同时，工作人员

可以通过管理平台（“第一反应人”可以通过移动客户端）向 AED 下发命令，从而改变其工作状态（如复位等）。除此之外，某一使用者启用了某一 AED 后，该系统可自动广播通知周边一定范围内的注册急救员，请求其到现场提供更加专业的急救措施。我们将在后面的小节中一一介绍各模块的详细功能。

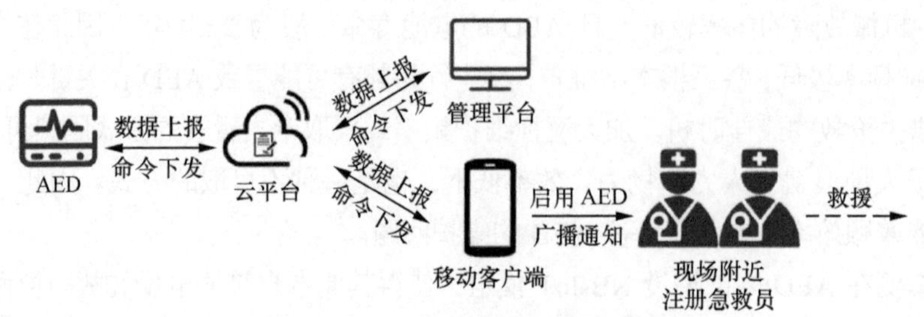

图 6-3　AED 智能管理系统的整体架构

6.2.2　管理平台

AED 管理平台是供 AED 管理机构了解各 AED 工作状态的软件。它主要满足设备维护和设备防盗的需求，其界面大致如图 6-4 所示。管理平台显示的内容包括各 AED 的序号、位置和状态等。作为管理方，它需要精确显示各 AED 的确切工作状态，包括“正常工作”“低电量”“使用中”“维修中”和“已被盗”5 种状态。

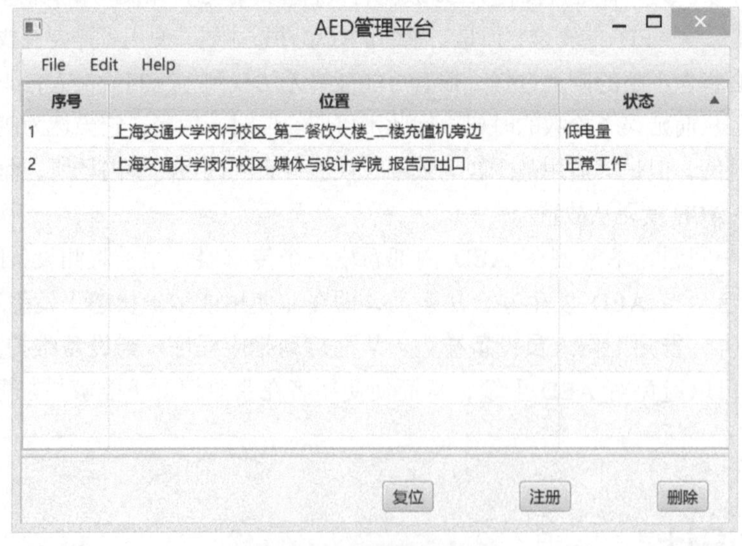

图 6-4　AED 管理平台界面

当 AED 的工作状态显示为“低电量”时，管理人员就可通知相关的维护人员前去维护充电。当 AED 的工作状态显示为“使用中”时，管理平台会立即与急救指挥中心取得联系，确认该 AED 附近是否有求救信息，倘若没有相关信息，则等待一定时间后再次查询，循环往复，直至预先设定的次数（这里假定为 10 次）。若此时仍未收到相关求救信息，则判定该次使用非法。此时管理平台会根据 AED 的运动信息判断其是否被盗，若 AED 确实在运动，则平台自动下发命令将 AED 的工作状态改为“已被盗”并启动相关程序；若 AED 并未运动，则平台自动下发命令将 AED 的工作状态改为

“正常工作”。设备状态为“使用中”时的流程图如图 6-5 所示。这种核对机制主要是为了避免不法分子利用“使用”功能堂而皇之地盗取 AED 设备，另外也可以为某些用户在移动客户端误触“使用”按钮提供缓冲余地。对于那些误触“使用”按钮的用户，管理平台还会自动向其手机发送提醒短信，告知其不应随意触碰“使用”按钮，如若再犯，将依法处理。

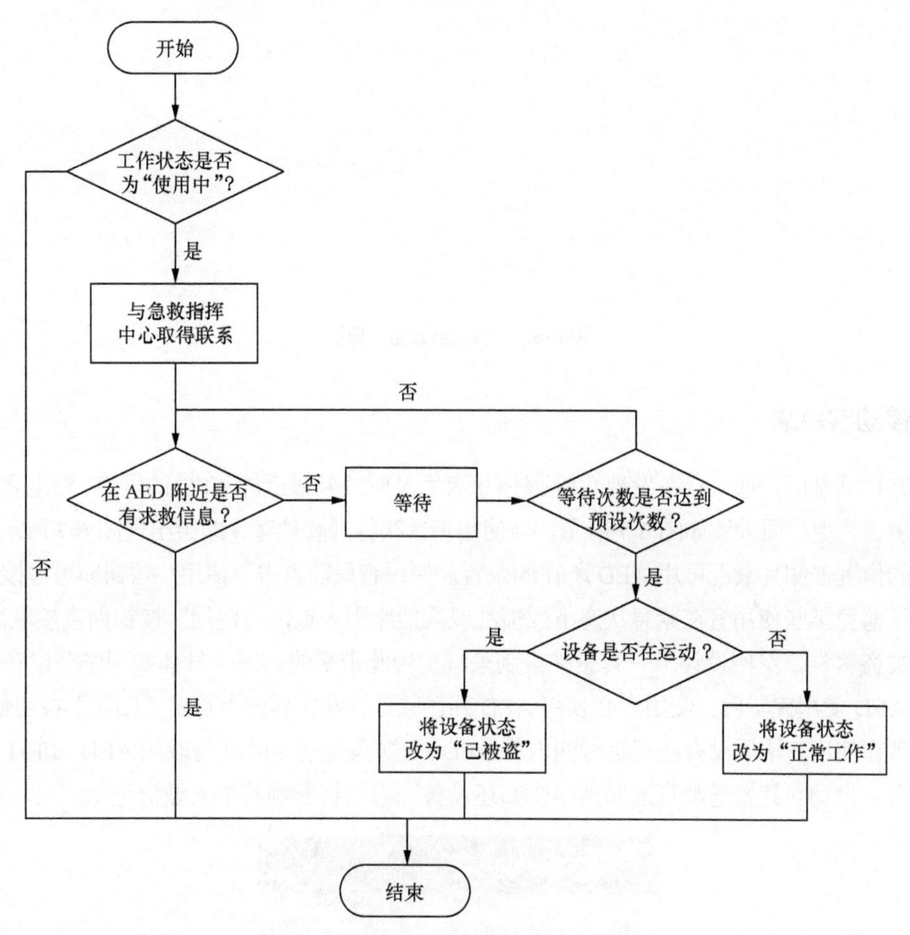

图 6-5　设备状态为“使用中”时的流程图

当 AED 的工作状态显示为“已被盗”时，其处理流程与“使用中”类似。管理平台先与急救指挥中心取得联系，判断该 AED 周围是否有紧急医疗事件发生。若无相关信息，则管理人员可启动相关程序（如报警等）来阻止盗窃行为的进一步发展。当被盗的 AED 重新归位后，管理人员可在界面上点击相应 AED 的“复位”按钮使其恢复“正常工作”状态。若确实有紧急医疗事件发生，则下发命令将设备状态修改为“使用中”。此处的核对机制可以在紧急医疗事件发生后，为使用者因慌乱或其他原因在未被授权使用 AED 的情况下直接取用 AED 而误触被盗警告提供缓冲余地。

除此之外，管理平台还提供新增 AED 的功能，管理人员只需单击“添加设备”按钮，弹出“注册新设备”界面，输入 AED 设备中 NB-IoT 模组的 IMEI 号及其部署位置（Location），如图 6-6 所示，即可成功添加设备。待该设备正式部署到位并上电后，便会在主界面中显示相应的设备信息。

图 6-6 “注册新设备”界面

6.2.3 移动客户端

移动客户端是供普通大众在发现心脏骤停患者后及时找到最近的 AED 的软件，它主要满足了设备找寻需求，其主界面大致如图 6-7 所示。当使用者首次打开软件时，即会出现图 6-7 所示界面，根据使用者的位置告知其最近可用 AED 所在的位置。使用者只需点击“使用”按钮即可被授权使用该 AED。为了避免某些使用者在紧急状态下因慌乱或其他原因未点击“使用”按钮而直接取用 AED，从而误触被盗警告，案例设计了一套缓冲机制来减少由此带来的问题，具体实现细节已在前文详细阐述。当 AED 使用完毕后，使用者必须将 AED 归还原处，并在界面上点击“归还”按钮使其复位。如果使用者在使用完毕后没有在规定时间内将 AED 归位(假定规定时间为取用 AED 后的 1 小时内)，则管理平台会自动向其发送消息通知其尽快归还设备，否则将影响其个人诚信记录。

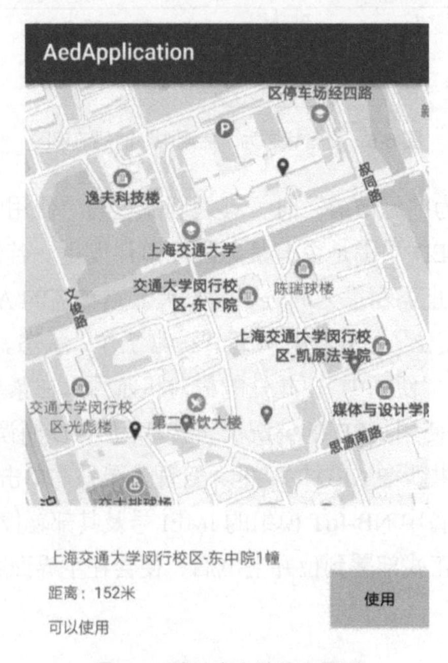

图 6-7 移动客户端的主界面

当然，使用者也可以不使用推荐的 AED，而根据地图上 AED 的分布情况自行选择所需的 AED，并点击相应的“使用”按钮以获得授权。地图上会使用两种颜色来标记 AED，一种是可正常工作的设备，另一种是处于非正常状态的设备，使用者只可选择使用前者。为了避免某些用户恶意扰乱平台秩序，试图使用不在合理距离范围内的设备，案例规定使用者只能使用距其 800 米以内的 AED 设备（若超过此距离，用户将很难在 10 分钟内完成从事故现场到 AED 存放地点之间的往返，此时使用 AED 已基本无任何效果）。

由于 AED 具有市政设施的属性，且属于急救医疗的重要一环，因此，本软件的使用者必须实名注册，从而便于政府监督和规范其使用行为。实名注册的内容包括用户姓名、手机号、身份证号、是否为注册急救员等。一方面，实名注册有利于政府追踪恶意使用 AED 的使用者，从而依法对其做出处理。另一方面，当紧急医疗事件发生时，若使用者启用某一设备，实名注册将有助于系统及时向周边的注册急救员发送相关信息，请求其到现场提供更加专业的救助（如心肺复苏等），从而进一步提高心脏骤停患者的生存率。

6.2.4　维护平台

作为一个完整的 AED 管理系统，除了之前提到的供管理方使用的 AED 管理平台和供大众使用的移动客户端之外，还应包括供维修人员使用的维护系统。维修人员的客户端主要显示目前出现故障的 AED 信息，主要包括其地理位置等。维修人员在对某一 AED 进行维修前，首先需要点击 AED 维护系统工作界面上相应 AED 的“维护”按钮以获得授权，再对其进行维修。设备维修完毕后，维修人员仍需在界面上点击“复位”按钮恢复其正常工作状态。AED 维护系统工作界面如图 6-8 所示。

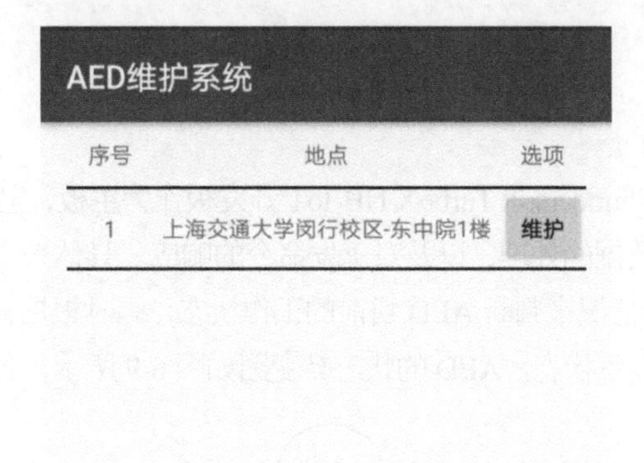

图 6-8　AED 维护系统工作界面

6.3　系统实现

本案例的基本系统架构已在上一节给出，在本节中，我们将具体阐述系统各模块（包括感知层、控制层、传输层、平台层、应用层）的实现方式。这里需要指出的是，在设备侧，由于 AED 本身就是一个高度智能化的设备，其本身集成了控制芯片及相应的传感元件，因此我们只需对其进行简单的改装，便可达到目标。然而，鉴于 AED 成本昂贵，我们无法真正在一台 AED 上进行改装，为了便于展示，我们制作了一个简易版的原型以供参考。

6.3.1 感知层技术

AED 智能管理系统主要监测 AED 的电量和运动情况，根据其不同情况下的组合得出相应的工作状态。考虑到真正的 AED 设备已集成了电压传感元件，本案例在原型中仅仅将运动传感元件——六轴传感器作为感知层的内容。对于电量检测，则在控制层中通过一定的程控逻辑模拟电量的逐渐消耗，这也是为了更方便地展示 AED 电量较低时可能发生的情况（如果使用真实的电压传感器，则在短时间内被测电量几乎不会发生任何变化，从而不利于演示的开展）。

由于案例选用的 Thundersoft TurboX NB-IoT 开发板上已预置了六轴传感器，因此不需要再采购新的传感元件。

在技术细节上，由于六轴传感器已经预先集成在案例选用的开发板上，因此无须对其进行硬件连接。六轴传感器是通过 UART 串口与开发板进行通信的，因此案例使用相应的串口函数来不断获取数据。

六轴传感器获得的数据包括传感器所在的空间相对位置坐标及其姿态（即相对 x、y、z 轴的倾角）。由于只需了解 AED 是否在运动，因此我们只需要获取 AED 的位置坐标而可以忽略其姿态信息。值得注意的是，在设备第一次上电的时候，我们需要立即对六轴传感器进行定标，即将初始状态的位置置零。另外，由于六轴传感器的灵敏度较高，外界的微小扰动都有可能导致读数的巨大变化，因此我们需要对获取的数据进行批处理，即选取一定时间间隔内的数据，对其进行平均操作，将平均后的结果作为最终结果。

6.3.2 控制层技术

在控制层，本案例选用 Thundersoft TurboX NB-IoT 开发板作为主板，主控芯片为 STM32L476。控制层主要完成对传感器所采集数据的处理，以及对下发命令的响应。具体来说，对于本案例而言，就是根据检测到的 AED 电量和运动情况来判断 AED 目前的工作状态，同时根据管理平台、维护平台及移动客户端的下发命令来及时更改设备状态。AED 的状态转变图如图 6-9 所示，各下发命令的含义见表 6-1。

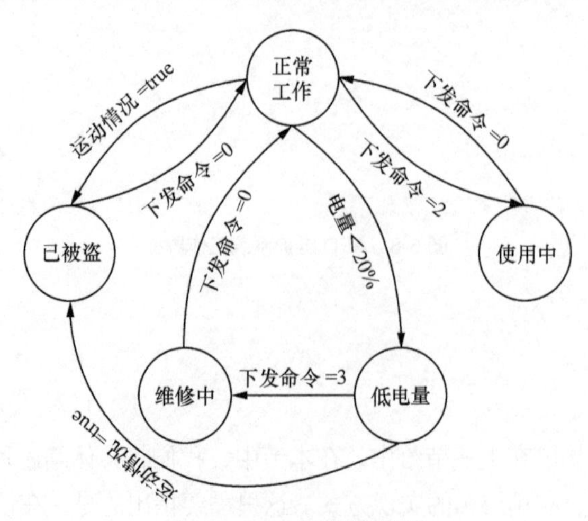

图 6-9 AED 的状态转变图

表 6-1　　下发命令的含义

下发命令	含义
0	令 AED 工作状态恢复为“正常工作”
2	令 AED 工作状态转变为“使用中”
3	令 AED 工作状态转变为“维修中”

初始状态下，AED 第一次被部署后，其工作状态处于“正常工作”，此后有 3 种可能性。

（1）若某个用户启用了该 AED，则移动客户端将下发命令使 AED 的工作状态转变为“使用中”，用户使用并归还后，移动客户端再次下发命令使其工作状态转变为“正常工作”。

（2）若检测到 AED 发生了运动，则 AED 的工作状态将自动转变为“已被盗”，提醒工作人员启动相关程序。被盗设备被追回并正确归位后，管理平台将下发命令使其工作状态转变为“正常”。

（3）若检测到 AED 电量低于正常水平的 20%，则 AED 工作状态自动转变为“低电量”，提醒工作人员派遣维修人员去进行现场维修。维修人员成功维修并将 AED 正确归位后，维修平台将下发命令使 AED 的工作状态转变为“正常工作”。若在维修人员尚未到达现场的时候检测到设备发生移动，则 AED 工作状态将自动转变为“已被盗”，其后流程与（2）中一致。

需要指出的是，图 6-9 所示的状态转变图中并未包含之前所述的一些极端情况，如在移动客户端点击“使用”按钮后并未取用某 AED 或盗取 AED，以及在未点击“使用”按钮的情况下直接取用 AED 等。

6.3.3　传输层技术

本案例选用 NB-IoT 作为传输层技术，这主要是因为 NB-IoT 具有广覆盖、大容量、低成本、低功耗的特性。国际标准推荐的 AED 部署密度大致为每 500 米布置一个，由此可见，如果国家按照此标准建设我国的 AED 网络，那 AED 的覆盖密度将是空前的，而这恰恰符合 NB-IoT 的广覆盖、大容量特性。此外，AED 作为一种医疗急救设备，具有市政设施的属性，部署完毕后不应频繁地更换或维修，而电量又是决定 AED 能否正常工作的关键因素，因此低功耗也是 AED 所应具备的属性，而 NB-IoT 也满足这一要求。综上所述，选用 NB-IoT 作为 AED 智能管理系统的传输层技术充分利用了其自身的特性和优点，有着广阔的前景。

在具体实现上，本案例选用 Quectel LTE BC95-B8 NB-IoT 模组。它是一款高性能、低功耗的 NB-IoT 无线通信模块，能较大限度地满足终端设备对小尺寸模块产品的需求，同时有效地帮助客户减小产品尺寸并降低产品成本，其产品如图 6-10 所示。该模组已集成到了开发板上，故不需要额外购买。

图 6-10　Quectel LTE BC95-B8 NB-IoT 模组产品

6.3.4 平台层技术

平台层技术主要包括两个方面的内容：Profile 文件开发和编解码插件的运用。

1. Profile 文件开发

Profile 文件是一种用来描述一款设备是什么、能做什么及如何控制该设备的文件，它是 json 文件格式。原始的 Profile 文件开发需要先在本地按照一定的格式编写相应的 json 文件，然后打包上传至平台。新版的华为云物联网平台提供了 Profile 文件的在线开发，图形化的开发方式大大节省了开发时间和开发难度。

Profile 文件分为两个部分，包括设备能力描述和服务描述。本案例的 Profile 文件见表 6-2。

表 6-2　Profile 文件

服务	属性	取值	含义
condition	isMoving	0 或 1	AED 是否运动，0 表示否，1 表示是
	batteryLevel	0 ~ 100	AED 电量
	status	0 ~ 4	AED 状态，0 表示正常工作，1 表示低电量，2 表示使用中，3 表示维修中，4 表示被盗

2. 编解码插件的运用

编解码插件相关知识本书 2.3.2 小节已进行介绍。本案例之所以要使用编解码插件，是因为南向设备与华为云物联网平台之间的通信是基于 CoAP 协议的，而不是采用较为流行的 json 格式，这主要是因为南向设备对省电要求较高，使用 CoAP 协议能够以更少的字节传输相同的内容。

与 Profile 文件开发一样，现有的华为云物联网平台支持在线编解码插件开发。由于此项开发较为简单，华为官方网站上已有成熟的教程指导，故这里不再赘述具体细节。

6.3.5 应用层技术

在应用层，本案例主要开发了 3 个针对不同人群的软件。对于 AED 设备管理方而言，本案例为其设计了管理平台，使其能够实时了解各 AED 的工作状态，并据此做出相应反应；对于维护人员，本案例为其设计了维护平台，供其检修时使用；对于普通大众，本案例为其设计了移动客户端，使其能够在紧急医疗事件（如有人突发心脏骤停）发生时及时找到最近的 AED，从而为抢救患者赢得更多的时间，增加患者的生存率。下面将对软件具体开发细节进行阐述。

1. 管理平台

本案例使用 JavaScript 来开发管理平台，并使用 Model-View-Controller （MVC）框架作为案例的开发框架。MVC 框架是一种非常重要的软件设计模式，如图 6-11 所示。这种模式被广泛应用于应用程序的分层开发，具体内容如下。

（1）Model（模型）：数据模型，提供要展示的数据，包含数据和行为。它是应用程序中用于处理应用程序数据逻辑的部分。

（2）View（视图）：一般就是我们见到的用户界面，负责进行模型的展示，是应用程序中处理数据显示的部分。

（3）Controller（控制器）：控制器接收用户请求，委托给模型进行处理（状态改变），处理完毕后把返回的业务数据传递给视图，由视图负责展示。也就是说控制器承担了调度员的工作，是应用程序中处理用户交互的部分。

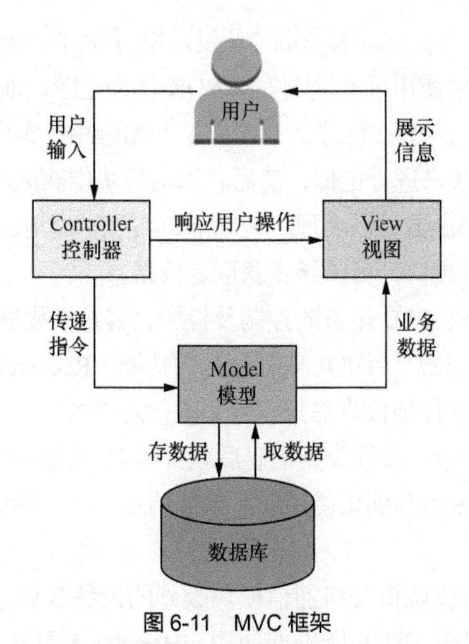

图 6-11 MVC 框架

按照 MVC 模式，本案例将应用程序划分为 3 个部分，并为每一个部分建立自己的包。

（1）ch.IOT.model 包：这个包用来放置模型类。在本应用程序中，定义了一个 Device.java 的模型类，Device 就代表着整个 AED 管理系统中一个个的 AED。Device 类一共有 3 个私有成员变量，分别是 Number、Location 和 Status，它们分别代表着 AED 设备的设备号、所处位置及当前状态。为了方便在其他类中对设备的属性进行修改，本案例在 Device 类中还提供了一系列的公有成员函数，用来返回或者修改上述 3 个 Device 的属性。

（2）ch.IOT.view 包：这个包用来放置所有界面布局文件和控制类。首先，这个包里主要有两个布局文件，分别是 IOTview.fxml 和 DeviceEditDialog.fxml。前者是应用程序主界面的布局文件，它将用来显示目前正在管理的所有 AED 设备的信息，并且该信息是自动实时更新的。另外，主界面还提供一些管理操作，例如复位、注册、删除等功能，通过按钮（button）来进行操作。而后者是注册设备窗口的布局文件，当需要注册新设备时，点击主界面上的注册按钮，就会弹出该窗口，管理人员通过输入设备的 IMEI 号来完成注册，同时也可以捆绑设备的位置信息。

除了布局文件，ch.IOT.view 包还包含了控制类，IOTviewController.java 和 DeviceEditDialogController.java，它们分别与布局文件 IOTview.fxml 和 DeviceEditDialog.fxml 相关联，即控制类和布局文件之间存在着一一对应的关系。IOTviewController.java 控制类中提供了一些方法，例如复位、删除操作、注册操作等，这些方法与主界面布局文件中相对应的按钮关联起来，因此当管理人员点击相应按钮时会有相应的反应。与之类似，DeviceEditDialogController.java 也提供了一些方法来控制设备注册界面，包括文本输入框中内容的读取、点击“OK”按钮之后的反应（即根据设备号向服务器发送注册设备的请求），以及点击“cancel”按钮后的取消操作等。

（3）ch.IOT 包：这个包用来放置整个应用程序的主类，即整个程序的入口。主类中包含了一些与视图有关的操作，例如展示主界面和设备注册界面的函数等。另外，最重要的是，在主类中建立了与服务器之间的通信连接，从服务器端不断地接收数据，从而对设备的信息进行实时更新。同时，在管理平台端也能向服务器发送数据，来完成复位设备、注册新设备等一系列管理操作。

2. 移动客户端

本案例使用 Android Studio 作为移动客户端的开发环境。移动客户端包括 4 个模块，具体情况如下。

（1）地图模块：应用程序中使用百度地图安卓 SDK 作为地图，地图模块的功能主要是进行相关设置的初始化及定位。initMap()函数在程序运行之后就开始调用，实现百度地图 SDK 的一些基础配置，并且调用 initLocation()函数来进行定位，然后将通信模块中获取的 AED 设备标识（marker）全部添加在地图上。initLocation()函数可以实现定位功能，实现百度地图的 BDLocationListener 接口。BDLocationListener 为结果监听接口，可以异步获取定位结果。

（2）通信模块：为了实现对 AED 设备的控制及检测，客户端程序需要与云平台进行信息交互，通信模块就实现了客户端程序与云平台进行信息交互的功能。ReceiveRunnable 在地图成功初始化之后直接被调用并被一直调用，不停地接收信息。收到的信息格式为 37 个字符组成的字符串，前 36 位为设备 ID，最后一位为设备状态。线程收到信息后就交给 UI 更新模块用来更新信息。SendRunnable 只在用户点击使用某个 AED 设备并确认使用后才会被调用一次，线程会向云端发送相应的设备 ID 和状态 3（代表使用设备）。

（3）UI 更新模块：UI 更新模块负责将通信模块收到的设备数据更新到 marker 数据中并显示在地图上。由于安卓不能在线程中更新 UI，所以要使用 uiHandler 来更新。uiHandler 在 ReceiveRunnable 收到数据后启用，查找 AED 库中是否收到数据中的设备 ID。如果是，就更新这个设备的信息并更新在地图上；如果否，就在设备库中添加一个相应的设备，然后添加在地图上。marker 的颜色，绿色代表设备可以被使用，黄色代表设备电量不足，红色代表设备正在被使用，灰色代表设备故障或被盗。

（4）用户交互模块：用户交互模块实现用户对地图、marker 的点击及对设备的使用功能。当用户点击 marker 时，会在底部弹出一个信息窗口。窗口中显示所点击设备的地址、距离和状态。如果设备 marker 为绿色，那么使用按钮为绿色，代表“可以使用”，如果为红色则代表“不可使用”。当用户点击地图其他部分时，信息窗口就会消失。当用户点击使用按钮时，会弹出确认框，如果用户确认，那么调用 SendRunnable 线程来向云端发送使用请求。

3. 服务器

本案例使用服务器来实现数据转发，管理平台和移动客户端通过服务器来获取 AED 的工作状态，并通过服务器向 AED 下发命令。具体来说，服务器主要完成鉴权、注册设备、设备数据查询和设备命令下发功能，同时使用服务器与 Socket 进行异步通信。服务器主要是调用华为云物联网平台的北向 SDK API，其具体实现方式在华为的官方教程中已有较详细的描述，这里不再赘述。

6.4 总结与展望

本节对基于 NB-IoT 的 AED 智能管理系统方案进行总结，从现实角度去分析该方案的实现意义和价值，展示方案的结论，也指出方案的改进之处，希望读者可以在再现方案的基础上持续优化，如更多急救设备的集成等，以更好地服务于社会，更高效地处理多种紧急医疗事件。

1. 总结

图 6-12 展示了本案例的主要操作流程。当有紧急医疗事件发生时，使用者打开移动客户端，系统自动提示距离使用者最近的 AED 所在的位置，此时使用者只需点击“使用”按钮便可使用该 AED，此时，系统界面上会显示从使用者当前位置到目标 AED 的步行路线规划，以方便使用者寻找。

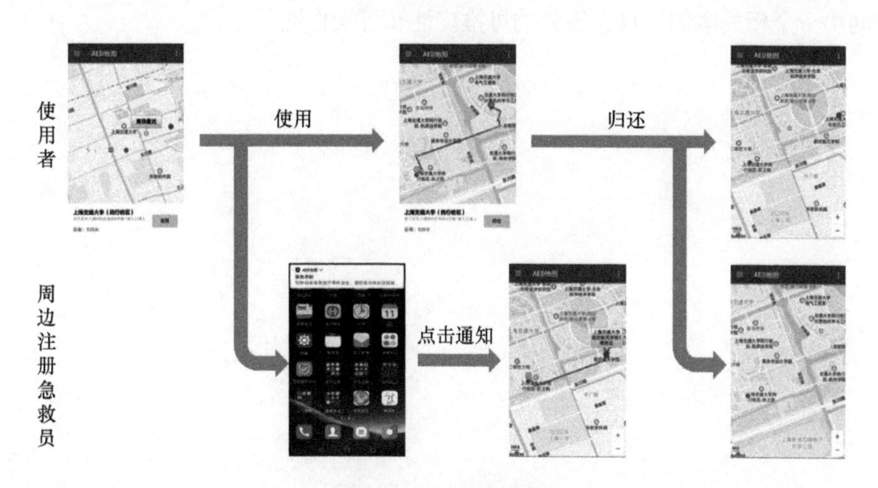

图 6-12　案例操作流程

与此同时，现场周边的注册急救员将会收到一条通知，告知其周边正有紧急事件发生，望其尽快前往现场提供更加专业的急救措施。若该急救员愿意前往协助，则其点击该通知后，系统将自动提示事故发生地点和相应的前往路线，以便于急救员能够尽快到达现场。

急救措施完成后，使用者只需点击移动客户端上的“归还”按钮便可复位设备，此时系统恢复正常状态。

综上所述，本案例成功解决了目前 AED 在使用和管理过程中的诸多难题，通过将 AED 纳入物联网范畴，设计了一整套 AED 智能管理系统。首先，AED 通过传感器向管理平台上报数据，管理机构可通过管理平台实时了解 AED 的安全状态和电量情况，一旦出现问题，及时启动相关程序，从而最大程度保证了 AED 的有效性。其次，当有紧急医疗事件发生时，施救者可通过移动客户端快速找到最近可用的 AED，从而为抢救患者赢得更多的时间。当某个 AED 被启用时，系统可迅速通知周边的注册急救员，请求其赶往现场提供更加专业的抢救措施，从而填补了救护车到达现场前的急救空白，进一步提高患者的生存率。

2. 展望

本案例的开发设计历经数月，在此过程中遇到过诸多问题。其中有两个主要问题。

一个主要问题是感知层的数据采集问题。由于六轴传感器的高灵敏度，外界轻微的振动就会使传感器的读出数据发生巨大改变，从而导致系统误发报警信息。为了解决以上问题，案例在控制层中增加了诸多防止系统触发错误警报的程控逻辑，例如时域平滑等，从而增加了系统的稳定性。

另一个主要问题是系统延时和网络拥塞。其中后者会极大地破坏用户的使用体验。然而这两者的主要原因在于网络供应商，与开发者关联度不大，因此案例对此问题并无较好的解决方案，只能寄希望于未来 NB-IoT 网络信号稳定性的提升。

虽然案例已经成型，但未来仍有诸多方面值得改进。比如，目前 AED 的开锁方式是在移动客户端上开锁，归位也是在移动客户端上完成，不太接近真实场景。未来可以在 AED 箱体上张贴二维码，使用者只需扫码即可使用 AED。除此之外，可以在 AED 上新增 GPS 模块，实时定位 AED 位置，从而使使用者归还 AED 的过程无须任何附加操作，只要 AED 被放回原位，系统将自行为其做归位处理。

综上所述，作为急救医疗领域的一种重要设备，AED 的管理和使用问题将日益显现，而本案例作为该领域的第一个相关案例，具有极强的可推广性和可操作性。

07

第7章　基于AIoT的驾驶员监测系统

本章设计的基于 AIoT 的驾驶员监测系统可以通过对驾驶员多维度的监测，来监督和规范驾驶员的行为习惯。其中端侧共收集两类数据，一类是通过简单的传感器外设检测心率、血氧、体温、酒精等体征数据；另一类是通过树莓派对行驶过程中拍摄的驾驶员图像进行实时分析，采用人工智能算法计算并输出的疲劳值。系统以端侧为边缘计算核心，将驾驶员的最终监测结果通过NB-IoT 模块上传到云端，北向应用再针对数据进行分析，将指令发送至手机App，进行相应的预警。

7.1 背景与需求分析

本节将从案例背景、需求分析、案例内容、实验环境等方面来进行此实验案例的可行性分析，并在最后介绍案例中使用的相关专业名词，以便于读者理解。

7.1.1 案例背景

随着汽车的普及，交通事故也越来越多，其中酒后驾驶和疲劳驾驶是造成交通事故的两个重要原因。

2008 年世界卫生组织的事故调查显示，大约 50%～60%的交通事故与酒后驾驶有关，酒后驾驶已经被列为车祸致死的主要原因。在中国，每年由于酒后驾驶引发的交通事故达数万起，而造成死亡的事故中 50%以上都与酒后驾驶有关，酒后驾驶的危害触目惊心，已经成为交通事故的第一大“杀手”。

疲劳驾驶也极易引发交通事故。驾驶员在长时间连续行车后，产生生理机能和心理机能的失调，进而在客观上出现驾驶技能下降的现象。驾驶员睡眠质量差或睡眠时间不足，长时间驾驶车辆，容易出现疲劳的情况。驾驶疲劳会影响到驾驶员的注意、感觉、知觉、思维、判断、意志、决定和运动等方面。疲劳后继续驾驶车辆，会感到困倦瞌睡、四肢无力，导致注意力不集中、判断能力下降，甚至出现精神恍惚或瞬间记忆消失，动作迟误、过早，操作停顿或修正时间不当等不安全因素，这就极易发生道路交通事故。

7.1.2 需求分析

目前市场上没有提前预防酒后驾驶的产品，酒后驾驶严重依赖交通警察去排查，常用的检测是通过酒精测试仪吹气检测。驾驶员广泛使用的地图、打车软件等手机 App，均有疲劳提醒功能，但大多是通过驾驶时长和驾驶里程来提示疲劳，并非根据驾驶员实时开车状况进行判定。

另外，少量高档汽车中配置了通过图像分析手段判定驾驶员状态的功能，但不同品牌车辆采用的硬件不同，算法不同，云平台更不相同，且该功能配置成本相对较高，需出厂前预装，暂时无法在中低端全系列车型中普及。

7.1.3 案例内容

基于 AIoT 的驾驶员监测系统是一款在驾驶员驾驶过程中实时测量其身体状态（包括疲劳程度、心率、血压、血氧、体温、酒精含量和实时位置等）的系统。其以边缘计算作为核心，可以及时、快速地进行计算和应对异常。

该系统利用实时抓取到的图像信息融合实时监测到的体征数据，综合判断驾驶员疲劳程度和状态。当监测到驾驶员身体状况不适合驾驶、疲劳驾驶、长时间不注视前方、愤怒驾驶时，通过 App 对驾驶员进行报警提醒并向其家人发送相关信息。App 可注册不同用户身份，对应不同功能，帮助驾驶员安全开车，减少交通事故的发生。

传统的疲劳驾驶监测方法有：手机 App 如地图软件等，在驾驶员驾驶时间和里程超过某一阈值时即进行提醒，但是这不够科学；或者一些汽车厂商仅利用图像监测疲劳驾驶，这也会有误差。我们采用图像与传感器相结合的方式，综合地科学判断疲劳程度；同时利用头部姿态算法，监测驾驶员长时间不注视前方的情况，及时做出提醒。系统会实时上传监测到异常时的截图信息，辅助提高判断的可靠性。传感器内置于方向盘套内，完全不会影响驾驶。

7.1.4　实验环境

硬件设备：MAX30102 血氧心率监测传感器、DHT11 温湿度传感器、SON1218 血压检测传感器、MQ-3 酒精检测传感器、EVB-M1 GPS 传感器、摄像头、树莓派开发板（3 代 B 型）、EVB-M1 开发板。

云端：使用华为公司提供的华为云物联网平台编程接口、弹性云服务器（Elastic Cloud Server，ECS）和软件开发平台 DevCloud。

手机 App：Android 版本 8.0 及以上。

7.1.5　名词解释

本节所使用的各类专业名词，除在 5.1.5 小节中已介绍过的 AIoT 之外，其余如下。

（1）Landmark 算法：Landmark 是一种人脸部特征点提取的技术，在 dlib 库中为人脸进行 68 点标记。可采用 Landmark 中的点提取眼睛区域、嘴巴区域用于疲劳检测，提取鼻子等部分用于 3D 姿态估计、疲劳监测等。

（2）PERCLOS 算法：驾驶模拟器上的实验结果证明，眼睛的闭合时间一定程度地反映疲劳状况。在此基础上，卡内基・梅隆研究所经过反复实验和论证，提出了度量疲劳/瞌睡的物理量 PERCLOS（Percentage of Eyelid Closure over the Pupil over Time）。

（3）头部姿态算法：通过人脸、头部姿态来辅助关键点的监测，可以保证大角度人脸对齐的正确性，同时可根据人脸、头部姿态判断驾驶员是否处于正常驾驶状态。

7.2　功能设计

本节重点介绍该方案的系统架构设计，阐述该方案的功能设计原理，并从感知层和边缘层设计、平台层设计及应用层设计等层面具体分析。

7.2.1　系统架构

图 7-1 为 AIoT 驾驶员监测系统的整体架构，分为感知层、边缘层、平台层、应用层 4 个部分，融合了边缘计算、人脸识别、物联网、云计算等技术。

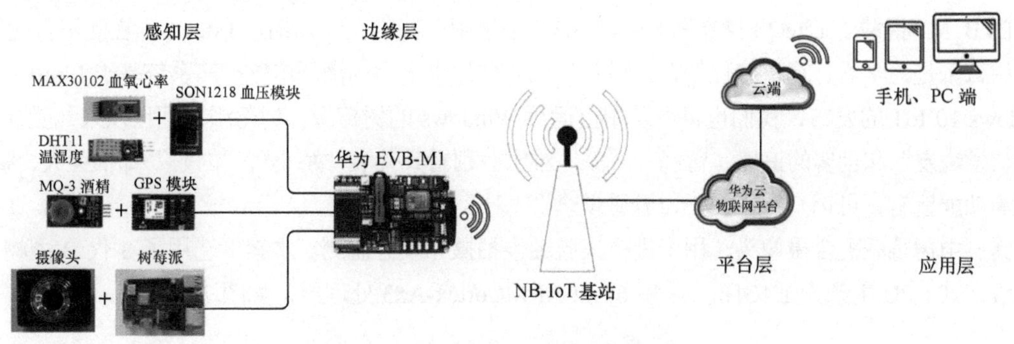

图 7-1　AIoT 驾驶员监测系统的整体架构

系统的酒驾监测流程包括以下几个步骤。

（1）将监测心率、血压、血氧、体温、酒精等体征数据测量传感器安装在汽车方向盘上。驾驶员坐进车中，手握方向盘时便进行一次基础体检。

（2）EVB-M1 开发板将体检数据结果经由 NB-IoT 模块上传至华为云物联网平台。

（3）华为云物联网平台接收到结果后进行解析，再推送至云端应用服务器。

（4）应用服务器将预警信息下发至手机 App，当系统语音提示身体状况为健康且未检测到酒精时，便可开始正常行驶。

系统的疲劳监测流程包括以下几个步骤。

（1）树莓派对行驶过程中拍摄的驾驶员图像进行实时分析，通过 Landmark 算法来实现人脸监测及特征点提取，进而计算出 PERCLOS 疲劳值。当驾驶员不注视前方或处于愤怒情绪时，可以利用头部姿态识别算法和表情识别算法辅助监测。

（2）EVB-M1 开发板作为边缘计算核心，汇集各传感器（心率、血氧、血压、酒精、温度）和 GPS 模块数据，综合判定驾驶员当前状态。完成运算后，经由 NB-IoT 模块上传分析结果至华为云物联网平台。

（3）华为云物联网平台接收到结果后进行解析，再推送至云端应用服务器。

（4）最终云端应用服务器将分析信息下发至手机 App。手机 App 播放预警语音，提醒驾驶员请勿疲劳驾驶或通知其家人。

7.2.2 感知层和边缘层设计

我们根据需要测量的身体指标选取合适的测量算法和适宜的传感器，经过大量资料查阅和对比之后，最终确定了选用的传感器。

多传感器融合算法的开发是重难点。不同传感器的工作原理和通信方式不同，要协调好 IIC 通信、SPI 通信、串口通信的顺序，而且有些传感器需要命令下发才能工作，一旦接收命令的代码位置没有设置好，就可能导致所有传感器都不工作。

基础体检的传感器，我们最终选用了 MAX30102 血氧心率监测传感器、DHT11 温湿度传感器、SON1218 血压检测传感器、MQ-3 酒精检测传感器和 EVB-M1 GPS 传感器。这些传感器的特点是体积小、测量精度高、价格便宜。

与 5.2.3 小节相同，本案例中 EVB_M1 也是以 STM32L4 为主控 MCU、以 BC95 为通信模组的 NB-IoT 开发板，如图 7-2 所示。

EVB_M1 搭载了 LiteOS 操作系统。在 4.3.2 小节中，我们已经介绍过 LiteOS，在此不赘述。

树莓派是为学习计算机编程教育而设计的只有信用卡大小的微型电脑，其系统基于 Linux。随着 Windows 10 IoT 的发布，我们也将可以用上运行 Windows 的树莓派。树莓派自问世以来，受众多计算机“发烧友”和创客的追捧，曾经一“派”难求。别看其外表“娇小”，“内心”却很强大，视频、音频等功能皆有，可谓“麻雀虽小，五脏俱全”。

案例中树莓派配合摄像头，用于进行人脸图像拍摄和疲劳监测。本案例选用了 3 代 B 型树莓派开发板，其 CPU 主频为 1.4GHz，采用 64 位 ARMCortex-A53 处理器，如图 7-3 所示。

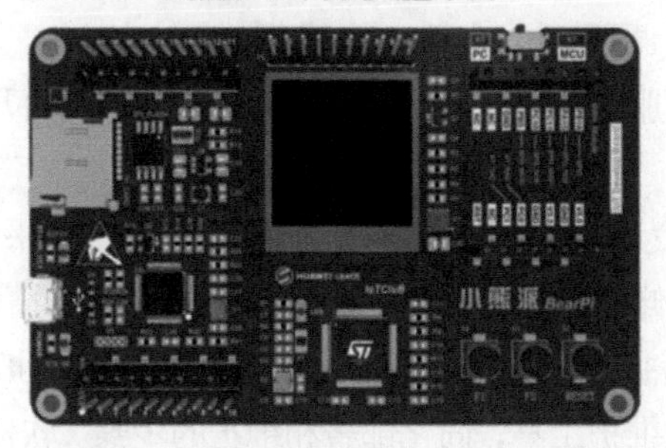

图 7-2　EVB_M1 物联网开发板

图 7-3　案例中所使用的树莓派开发板

云端离终端设备（如摄像头、传感器等）和用户较远，对于实时性要求高的计算需求，把计算放在云上会引起较长的网络延时、网络拥塞、服务质量下降等问题。因此，本系统使用树莓派作为边缘层计算核心，使用 EVB_M1 作为通信核心，在靠近物或数据源头的边缘侧，就近提供计算和智能服务，满足系统在实时业务、安全与隐私保护等方面的基本需求。

7.2.3　平台层设计

本案例基于华为云物联网平台进行平台层设计。在 5.2.4 小节中，我们已经介绍过华为云物联网平台的知识，在此不赘述。

7.2.4　应用层设计

本案例应用层开发工作分为应用服务器开发和安卓 App 开发。

1. 应用服务器开发

应用服务器（云端）作为应用侧的业务处理核心，可以分析物联网平台推送的设备消息，并根据分析结果与应用客户端即手机 App 进行交互，完成业务处理。应用服务器基于华为云物联网平台开放的接口进行开发，可通过调用 API 或者 SDK 进行。

应用服务器搭建可采用云服务器或者本地 PC，本地 PC 一般由开发者在调试时使用，需要 PC 一直开机，程序持续运行。

本案例应用服务器选用华为云弹性云服务器（ECS）和软件开发平台 DevCloud。弹性云服务器是一种可随时自助获取、可弹性伸缩的云服务器，可以帮助用户打造可靠、安全、灵活、高效的应用环境。其优点在于：用户无须关注硬件，即租即用，按使用量付费，易扩容；建设周期短，上线快。

同时，ECS 提供全套管理维护工具，简化部署和维护的步骤。软件开发平台 DevCloud 是集华为研发实践、前沿研发理念、先进研发工具为一体的研发云平台。它面向开发者提供研发工具服务，使软件开发简单高效。

驾驶员监测应用基于软件开发平台进行部署和发布，运行在弹性云服务器上，有效提升安全性和可靠性。应用层设计方案如图 7-4 所示。

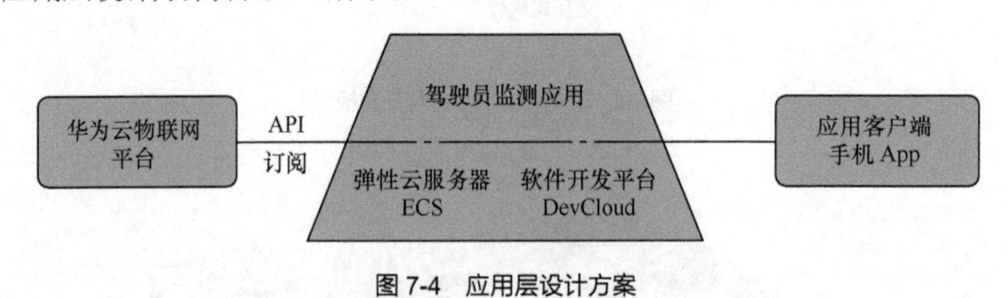

图 7-4　应用层设计方案

2. 安卓 App 开发

安卓 App 从应用服务器获取数据，主要实现以下功能。

（1）各项体检数据显示。

（2）驾驶员位置地图实时显示。

（3）酒驾和疲劳驾驶提醒，包括语音、震动等。

（4）驾驶相关的小知识、新闻推送。

（5）按照家人、驾驶员维度，不同用户进入功能展示不同，如家人界面提供一键拨通驾驶员手机功能。

（6）系统基础设置和版本升级等。

7.3　系统实现

本节描述了整个系统功能实现的具体步骤，从感知层、边缘层、平台层和应用层 4 个层面详细讲述整个方案的实现细节。

7.3.1　感知层实现

感知层的实现主要包括基础体检部分和疲劳驾驶监测部分。

1. 基础体检部分

当驾驶员坐进车内时，系统利用多种传感器（心率、血氧、血压、酒精、温度）对驾驶员进行一次基础体检，检测其身体指标和酒精含量是否适合开车，若不适合，则及时进行报警提醒。

其中，血压测量采用光电容积法，其原理为：利用人体组织在血管搏动时造成透光率不同来进行脉搏和血氧饱和度测量。光源一般选用对动脉血中氧合血红蛋白（HbO_2）和血红蛋白（Hb）有选择性的特定波长的发光二极管（一般选用波长在 660nm 附近的红光和 900nm 附近的红外光）。当光束透过人体外周血管时，动脉搏动充血，容积变化，导致这束光的透光率发生改变，此时光电变换器接收经人体组织反射的光线，将其转变为电信号并放大和输出。驾驶过程中测量血压效果如图 7-5 所示。

图 7-5　驾驶过程中测量血压

2. 疲劳驾驶监测部分

系统通过摄像头实时抓取驾驶员面部信息，通过 Landmark 算法来实现人脸检测和特征点提取，再利用眼部特征点计算 EAR（Estimated Average Requirement，平均需要量）值，进而结合 PERCLOS 疲劳判断准则，算出 PERCLOS 值。

度量疲劳/瞌睡的物理量 PERCLOS，其定义为单位时间内（一般取 1 分钟或者 30 秒），眼睛闭合一定比例（70%或 80%）所占的时间，满足 PERCLOS=（眼睛闭合帧数/检测时间段总帧数）× 100% 时，就认为发生了瞌睡。

疲劳驾驶检测流程图如图 7-6 所示。

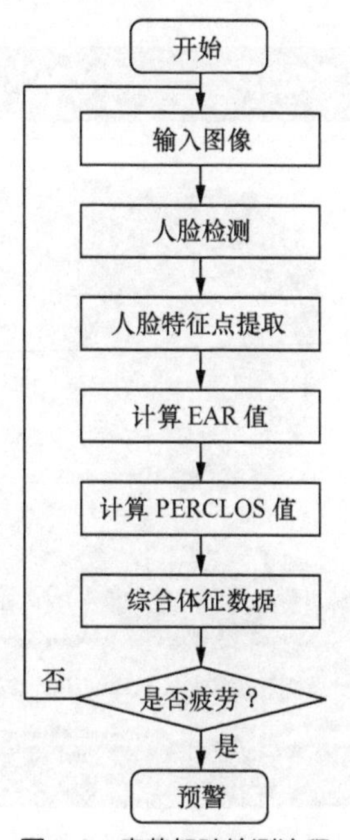

图 7-6　疲劳驾驶检测流程

人脸特征点位置编号示意图如图 7-7 所示。

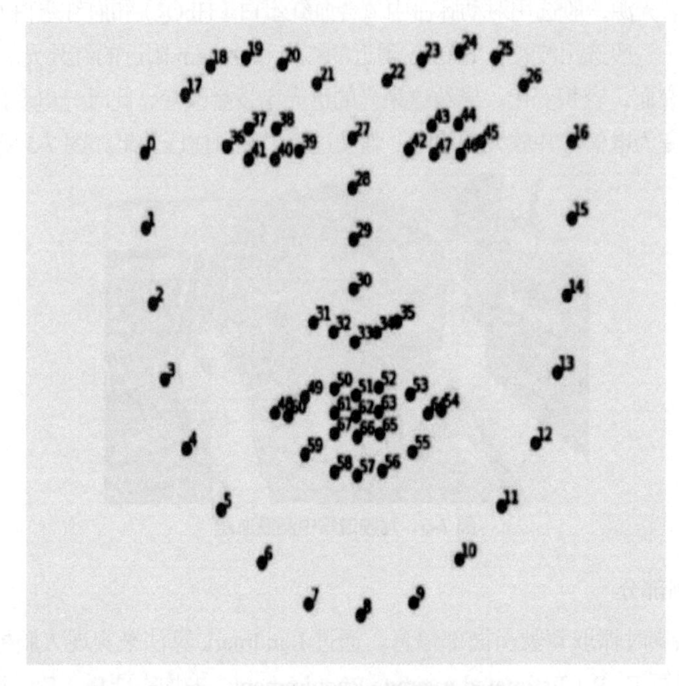

图 7-7　人脸特征点位置编号示意图

研究表明：驾驶员在不疲劳状态下 PERCLOS 的取值小于 0.1，轻度疲劳时该值为 0.1～0.3，中度疲劳时该值为 0.3～0.5，严重疲劳时该值大于 0.5。本系统最终目的是判定驾驶员是否处于疲劳驾驶状态从而进行有效预警，为了提高预警准确率同时降低虚警率，故取疲劳阈值为 0.3。

人脸特征点检测情况和疲劳驾驶检测情况分别如图 7-8 和图 7-9 所示。

图 7-8　人脸特征点检测情况

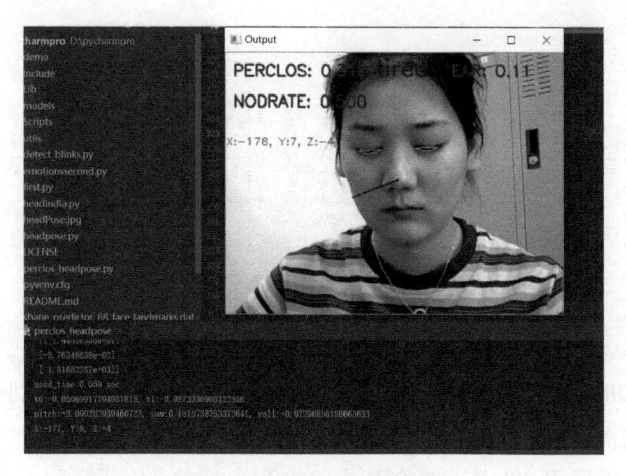

图 7-9　疲劳驾驶检测情况

Landmark 算法的 Python 部分代码如下。

```
ret, frame = video_capture.read()
dets = detector(frame,1)
for k ,d in enumerate(dets):
        shape = predictor(frame,d)
for idx in range(0,67):
        pos = (shape.part(idx).x, shape.part(idx).y)
        cv2.circle(frame,pos,5,color = (255,0,0)
cv.imshow('N1',frame)
```

7.3.2　边缘层实现

边缘层根据 PERCLOS 疲劳判断准则，结合体征数据变化情况，综合判断驾驶员的疲劳程度。驾驶员在疲劳状态时，心率波动比较平缓。心率值有随时间增加而下降的趋势，可以作为监测疲劳的辅助判断依据。不同状态下的心率波动曲线图如图 7-10 所示。

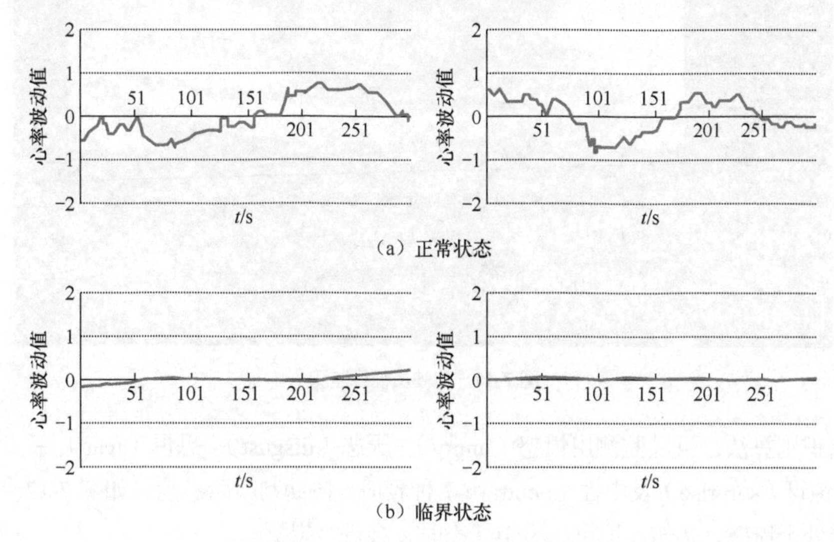

（a）正常状态

（b）临界状态

图 7-10　不同状态下的心率波动曲线图

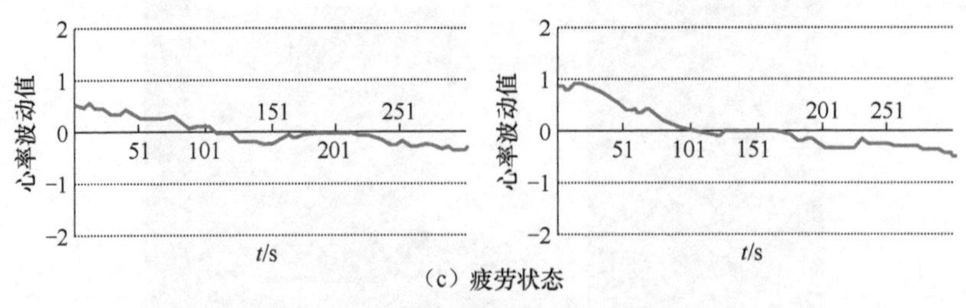

图 7-10　不同状态下的心率波动曲线图（续）

利用 OpenCV 和 dlib 库进行头部姿态监测，对驾驶员视线进行监测，如图 7-11 所示，若其长时间不注视前方，则报警提醒。

主要算法步骤是：①调用 dlib 库；②创建人脸检测和关键点检测模型；③定义空间点和图像点；④人脸关键点检测；⑤求解旋转和平移矩阵；⑥求解欧拉角。

监测到驾驶员脸部的 pitch、roll、raw 参数发生长时间偏移时，会报警提示。

图 7-11　驾驶员视线监测

利用表情识别算法，可以监测出愤怒（angry）、厌恶（disgust）、恐惧（fear）、高兴（happy）、悲伤（sad）、惊讶（surprise）及中性（neutral）7 种表情，协助判断路怒症，如图 7-12 所示。当系统监测出驾驶员处于愤怒、悲伤、惊讶、恐惧状态时，会进行提醒。

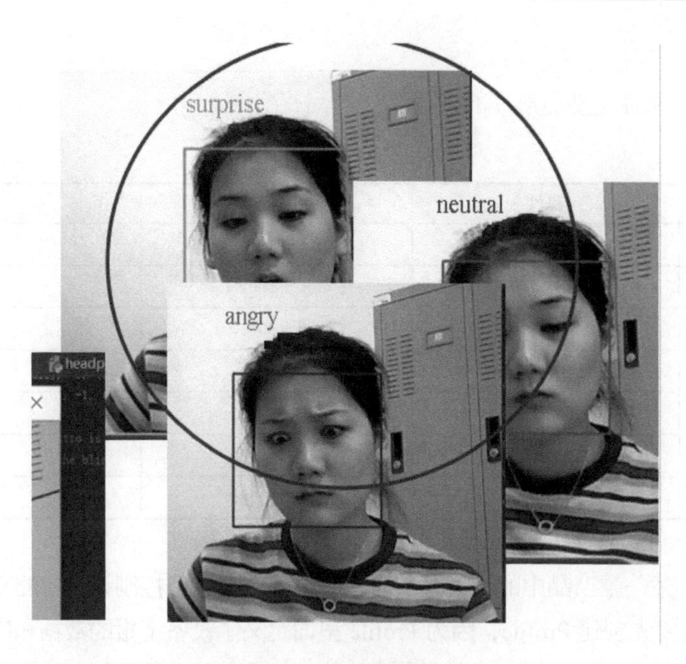

图 7-12　驾驶表情识别

如图 7-13 所示，即使驾驶员戴墨镜，系统同样可以进行疲劳的监测。这一功能弥补了现有市场产品无法对驾驶员戴墨镜的情况进行监测的不足。

图 7-13　戴墨镜时同样可进行疲劳的监测

7.3.3　平台层实现

平台层的实现主要包括 Profile 文件和编解码插件的开发。

1. Profile 文件

本案例的 Profile 文件主要见表 7-1。

表 7-1　本案例中的 Profile 文件

服务	属性	取值	含义
Alcoholic	AlConcentration	0 ~ 1 000	呼气中酒精浓度含量（PPM）
Sign Detection	HeartRate	0 ~ 300	心率
	Pressure	0 ~ 300	血压
	Temperature	1 ~ 50	体温
	Fatigue	0 ~ 1	疲劳程度
GPS Position	Longitude	− 180 ~ 180	经度
	Latitudes	− 180 ~ 180	纬度

Profile 是用来描述一款产品中的设备是什么、能做什么及如何控制该设备的文件。在华为云物联网平台集成对接中需要先创建 Profile，因为 Profile 里面定义了设备上报的数据和应用服务器下发的命令包含哪些字段。定义 Profile，即在物联网平台构建一款设备的抽象模型，使平台理解该款设备支持的服务、属性、命令、升级能力等信息。Profile 文件分为 3 个部分：产品信息、服务能力和维护能力。

2. 编解码插件

EVB_M1 开发板和华为云物联网平台通过 NB-IoT 进行通信，由于 NB-IoT 设备一般对省电要求较高，所以应用层数据不采用流行的 json 格式，而是采用二进制格式。但是，华为云物联网平台与应用侧使用 json 格式进行通信。

因此，本案例需要开发编码插件，供物联网平台调用，以完成二进制格式和 json 格式的转换。由于此项开发较为简单，华为官网上已有成熟的教程指导，故这里不再赘述具体细节。

7.3.4　应用层实现

应用层的实现主要包括应用服务器的搭建、应用订阅、手机 App 等部分的实现。

1. 应用服务器搭建

软件开发平台提供基于 Git 的代码托管和版本管理功能，可以将所有代码都托管在软件开发平台上，然后在本地进行编码。本案例中应用服务器的主要能力是从物联网平台获取设备上报数据进行处理，并提供接口给 App 获取处理后的数据。它属于标准的后端应用，需要部署在能被外网访问的服务器上，即弹性云服务器（ECS）。所以，编码完成后，需要在软件开发平台上进行云端构建，并将构建包上传到软件开发库，用于后续部署。这些操作在软件开发平台上都被打包成了模板，只需配置几个属性后启动任务即可一键完成操作，此处不再详述具体操作方法。

完成构建后就要进行部署，但在此之前，需要购买弹性云服务器（ECS）。购买弹性云服务器的规格应根据业务需求选择，需要注意的是，该主机一定要绑定一个弹性 IP，否则一来无法进行部署，二来也无法被物联网平台和 App 访问。

购买完成后，在软件开发平台的部署页面中将弹性云服务器添加到主机组中，添加时还需要按照界面提示对主机进行授信，否则软件开发平台无法完成部署操作，如图 7-14 所示。

添加主机 ⑦
主机　代理机
* 主机名：　可输中英文，数字和符号(@#$&[]?,./*`_-\),长度介于3~128之间
如果没有虚拟机，请到华为云ECS 购买虚拟机
* IP：　请输入弹性ip格式：161.17.101.12
如果没有弹性IP，请依照 弹性IP帮助文档 到华为云申请弹性IP
* 操作系统：　linux
请依照 Linux配置文档 确认机器配置,避免授信失败
* 授信方式：　密码授信　密钥授信
* 用户名：　不可输入空格，长度介于1-32位
* 密码：　请输入密码
* ssh端口：　22
Linux系统主机默认以22端口授信。
通过SSH代理：　--请选择SSH代理机--
我已阅读并同意《隐私政策声明》、《软件开发服务使用声明》，允许DevCloud使用相关信息进行主机业务的操作。
添加　取消

图 7-14　将弹性云服务器添加到主机组中

完成以上操作后，就可以开始部署应用了。软件开发平台提供基于模板的流水线式部署操作，选择部署模板后配置一些关键参数，然后只需启动任务等待部署完成即可。

具体的配置指导可以参考华为云软件开发平台的官网，这里只介绍几点关键的设置原则。

（1）如果是第一次部署应用，可以不启用“停止××服务”步骤。该步骤用于应用更新场景，该场景下需要先停止已启动的应用才能进行后续操作，如图 7-15 所示。

停止SpringBoot服务
根据服务的指定路径来启动、停止服务。查看操作指南
* 步骤显示名称：
停止SpringBoot服务
* 主机组：⑦ | 管理 | 新建
点击选择主机组
* 服务操作类型：
停止服务
* 服务对应的绝对路径：
服务的绝对路径(e.g. Linux: /usr/local/SpringBoot_01-0.0.1-SNAPSHOT.jar ; Windows: C:/SpringBoot_01-0.0.1-SNAPSHOT.jar)
控制选项
启用
失败后继续运行
使用sudo权限执行

图 7-15　停止服务，更新应用场景

（2）在“选择部署来源”步骤中，源类型需要选择“构建任务”，将之前构建任务的结果下载到主机上的指定目录，如图 7-16 所示。

图 7-16　选择部署来源

（3）如图 7-17 所示，“启动××服务”步骤中的“服务对应的绝对路径”是指主机上应用包的路径，也就是“选择部署来源”步骤中指定的部署目录加上应用包的名称，例如“/home/huawei-0.0.1-SNAPSHOT.jar”。

图 7-17　启动服务，选择路径

等待部署完成后，就可以进行应用订阅了。

2. 应用订阅

应用服务器通过调用华为云物联网平台的“订阅平台业务数据”接口获取设备上报的数据。在订阅场景下，华为云物联网平台是客户端，应用服务器是服务端，华为云物联网平台调用应用服务器的接口，并向应用服务器推送消息。

需要注意的是，应用服务器订阅时，需要使用公网 IP 地址。使用弹性云服务器（ECS）时会分配公网 IP 地址，从而避免校园内网无公网 IP 时无法订阅的情况。本案例使用 Java API Demo，使用 HTTP 协议接收物联网平台的推送消息。订阅关键步骤展示如下。

（1）在 eclipse 中，选择“src > com.huawei.utils> Constant.java”，修改“CALLBACK_BASE_URL”，填写应用服务器的 IP 地址和端口号，如图 7-18 所示。同一个应用下，所有订阅类型的回调地址的 IP 和端口必须一致。

```
LiteNAdemo_https
  JRE System Library [JavaSE-1.8]
  src
    com.huawei.service.appAccessSecurity
    com.huawei.service.batchTask
    com.huawei.service.commandDelivery
    com.huawei.service.dataCollection
    com.huawei.service.deviceGroupManagement
    com.huawei.service.deviceManagement
    com.huawei.service.deviceUpgrade
    com.huawei.service.messagePushing
    com.huawei.service.subscribtionManagement
    com.huawei.testMessagePush
    com.huawei.utils
      Constant.java
      DefaultHostnameVerifier.java
      ExceptionUtil.java
      HttpsUtil.java
      JsonUtil.java
      StreamClosedHttpResponse.java
      StreamUtil.java
      StringUtil.java
```

```
25     *IP and port of callback url.
26     *please replace the IP and Port of your Application deployment environment address, when you use the demo.
27     */
28    public static final String CALLBACK_BASE_URL = "http[illegible]";
29
30    /*
31     * complete callback url.
32     * please replace uri, when you use the demo.
33     */
34    public static final String DEVICE_ADDED_CALLBACK_URL = CALLBACK_BASE_URL + "/na/iocm/devNotify/v1.1.0/addDevice";
35    public static final String DEVICE_INFO_CHANGED_CALLBACK_URL = CALLBACK_BASE_URL + "/na/iocm/devNotify/v1.1.0/updateDeviceInfo";
36    public static final String DEVICE_DATA_CHANGED_CALLBACK_URL = CALLBACK_BASE_URL + "/na/iocm/devNotify/v1.1.0/updateDeviceData";
37    public static final String DEVICE_DELETED_CALLBACK_URL = CALLBACK_BASE_URL + "/na/iocm/devNotify/v1.1.0/deletedDevice";
38    public static final String MESSAGE_CONFIRM_CALLBACK_URL = CALLBACK_BASE_URL + "/na/iocm/devNotify/v1.1.0/commandConfirmData";
39    public static final String SERVICE_INFO_CHANGED_CALLBACK_URL = CALLBACK_BASE_URL + "/na/iocm/devNotify/v1.1.0/updateServiceInfo";
40    public static final String COMMAND_RSP_CALLBACK_URL = CALLBACK_BASE_URL + "/na/iocm/devNotify/v1.1.0/commandRspData";
41    public static final String DEVICE_EVENT_CALLBACK_URL = CALLBACK_BASE_URL + "/na/iocm/devNotify/v1.1.0/DeviceEvent";
42    public static final String RULE_EVENT_CALLBACK_URL = CALLBACK_BASE_URL + "/na/iocm/devNotify/v1.1.0/RulEevent";
43    public static final String DEVICE_DATAS_CHANGED_CALLBACK_URL = CALLBACK_BASE_URL + "/na/iocm/devNotify/v1.1.0/updateDeviceDatas";
44    public static final String DEVICE_SHADOW_MODIFIED_CALLBACK_URL = CALLBACK_BASE_URL + "/na/iocm/devNotify/v1.1.0/modifyDeviceDesired";
45
46    public static final String SW_UPGRADE_CALLBACK_URL = CALLBACK_BASE_URL + "/na/iocm/devNotify/v1.1.0/upgradeSW";
47    public static final String FW_UPGRADE_CALLBACK_URL = CALLBACK_BASE_URL + "/na/iocm/devNotify/v1.1.0/upgradeFW";
48
49
50    /*
51     * Specifies the callback URL for the command execution result notification.
52     * For details about the execution result notification definition.
53     *
54     * please replace uri, when you use the demo.
```

图 7-18　填写应用服务器的 IP 地址和端口号

（2）在 eclipse 中，选择“src > com.huawei.service.subscribtionManagement”，在“SubscribeService Notification.java”上单击右键，选择“Run As > Java Application”，如图 7-19 所示。

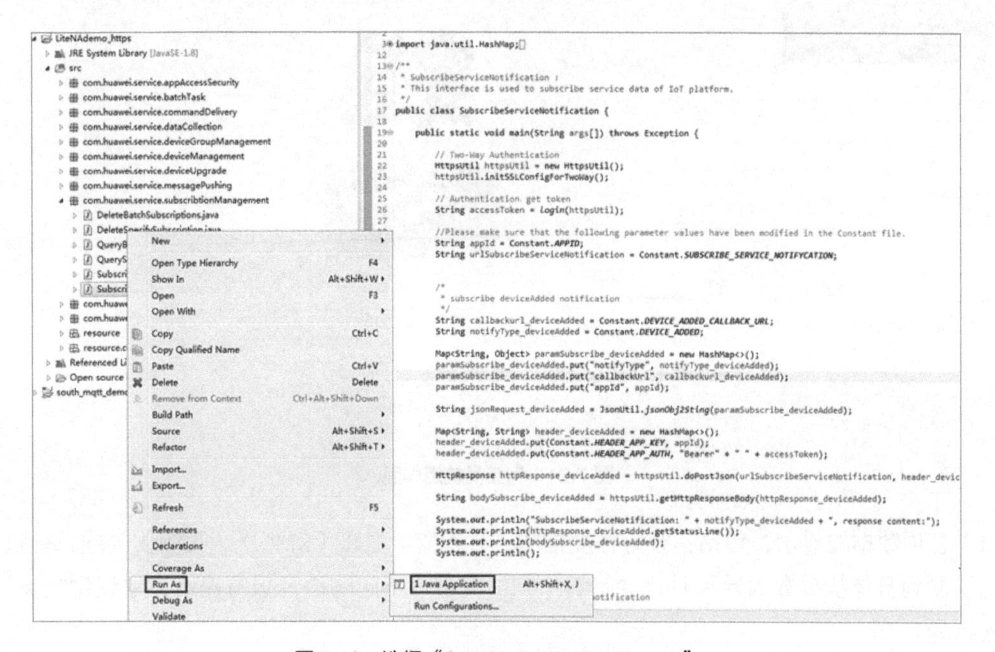

图 7-19　选择“Run As > Java Application”

（3）在华为云物联网平台控制台查看响应消息的打印日志，如果所有类型的订阅均获得“201 Created”响应，则说明订阅成功，如图 7-20 所示。

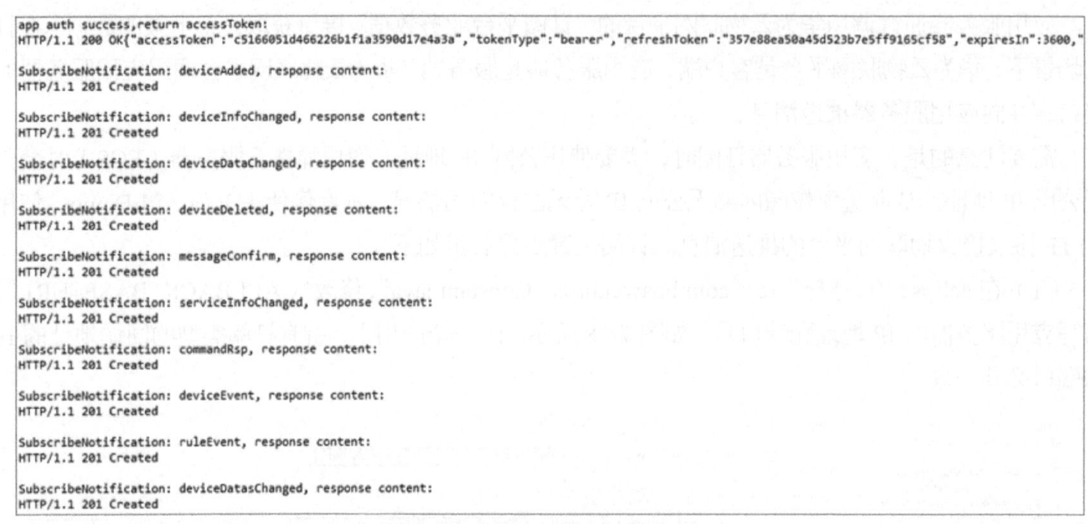

```
app auth success,return accessToken:
HTTP/1.1 200 OK{"accessToken":"c5166051d466226b1f1a3590d17e4a3a","tokenType":"bearer","refreshToken":"357e88ea50a45d523b7e5ff9165cf58","expiresIn":3600,"

SubscribeNotification: deviceAdded, response content:
HTTP/1.1 201 Created

SubscribeNotification: deviceInfoChanged, response content:
HTTP/1.1 201 Created

SubscribeNotification: deviceDataChanged, response content:
HTTP/1.1 201 Created

SubscribeNotification: deviceDeleted, response content:
HTTP/1.1 201 Created

SubscribeNotification: messageConfirm, response content:
HTTP/1.1 201 Created

SubscribeNotification: serviceInfoChanged, response content:
HTTP/1.1 201 Created

SubscribeNotification: commandRsp, response content:
HTTP/1.1 201 Created

SubscribeNotification: deviceEvent, response content:
HTTP/1.1 201 Created

SubscribeNotification: ruleEvent, response content:
HTTP/1.1 201 Created

SubscribeNotification: deviceDatasChanged, response content:
HTTP/1.1 201 Created
```

图 7-20　查看响应消息的打印日志

3. 手机 App

安卓手机安装 App 后，通过绑定车牌号，注册不同用户身份。以家庭用车为例，可注册驾驶员和家人两种用户身份。

驾驶员使用界面如图 7-21 所示，主要内容如下。

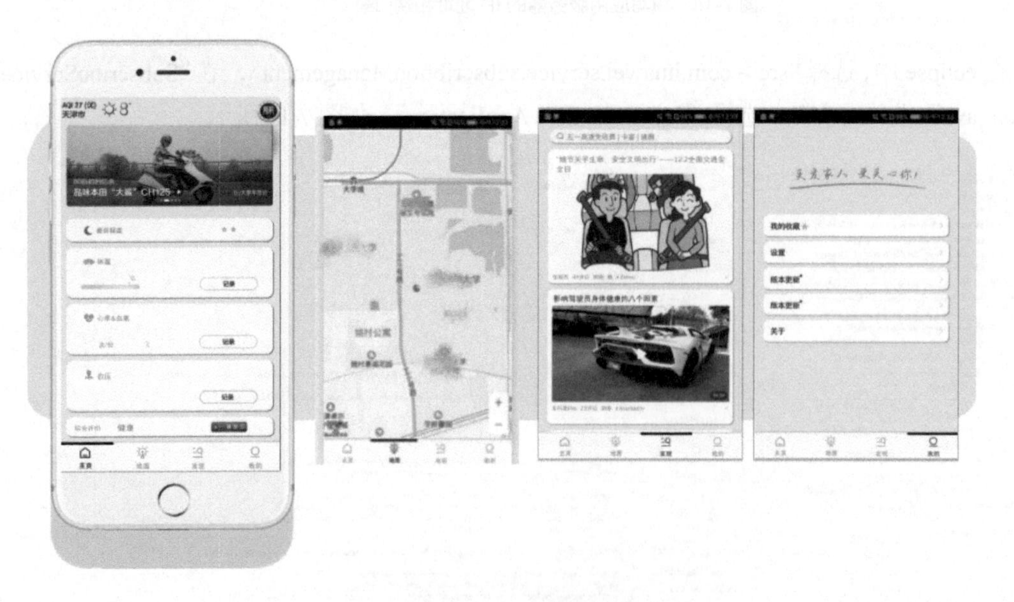

图 7-21　驾驶员使用界面

（1）各项数据的显示，包括：疲劳程度指数、心率值、血压（舒张压、收缩压）、血氧值、温度值。当检测到身体状况数据异常时，会针对不同情况进行不同的语音报警提示，建议驾驶员不要进行驾驶行为。

（2）疲劳驾驶提醒。当系统监测到驾驶员正在疲劳驾驶时，会做出相应的语音提醒，建议驾驶员休息。若一段时间内，驾驶员不能调整自己的精神状态，即一直处在疲劳状态下，且系统监测到车辆坐标一直在改变，则会将信息推送给驾驶员家人，让家人来帮忙阻止驾驶员的疲劳驾驶行为。

驾驶员家人使用界面主要包括驾驶员的异常信息的推送、GPS 对应的地图界面、实时显示驾驶员位置、震动提醒和一键拨打功能。当 App 接收到该驾驶员正在疲劳驾驶时，其家人可使用一键拨打功能给驾驶员打电话，提醒他注意休息。

驾驶员与家人共同可见的功能主要为安全驾驶相关的小知识推送。该页面是为了帮助驾驶员及其家人了解更多驾驶相关知识，从而更好地健康驾驶、安全驾驶。

7.4　总结与展望

本节对基于 AIoT 的驾驶员监测系统方案整体进行总结，从全局角度去分析该方案的实现意义和价值，也指出方案的待改进之处，希望读者可以在再现方案的基础上持续优化，产生更好的结果。

1. 总结

本案例依托华为云，结合多传感器融合、人脸识别、疲劳监测、边缘计算、应用开发等多种技术，为酒驾预防监测和疲劳驾驶监测提供了新的实现方案。司机在等待汽车发动时，将双手置于方向盘套上的传感器处，并朝着酒精传感器吹气，等待系统完成驾驶前体检功能。当系统语音提示身体状况为健康，未检测到酒精时，便可开始正常行驶。

在驾驶员驾驶过程中，系统综合摄像头获取到的图像和传感器实时检测到的体征数据，科学地判断驾驶员的疲劳状态。当监测到驾驶员疲劳时，系统会发出一次提醒，建议驾驶员休息。若两分半钟后系统监测到车辆仍在地图上产生位移，驾驶员仍未休息，则会进行二次警告，此时会将驾驶员的疲劳驾驶信息推送给其家人。家人的手机震动提醒，家人可以选择给驾驶员打电话提醒其勿疲劳驾驶。同时系统还会监测驾驶员是否长时间不注视前方，并及时给予提醒。本系统可以尽可能地减少交通事故的发生，且使用过程灵活方便。

本系统通过测试，能够在每一个环节达到预期的效果。在本案例中，小组成员具备不同方向的专业知识，如图像识别、硬件开发、软件开发等，有效保证了项目的顺利进行。开发过程中也克服了多种传感器选择、疲劳驾驶方案优化、安卓开发多版本 API 不兼容等难题。

2. 展望

目前基于 AIoT 的驾驶员监测系统只能具备最基本的功能，仍有许多可以改进的部分。例如，将传感器直接安置在方向盘上，但这样做涉及的改造较大，未来可考虑将传感器集成在方向盘套中，降低商业落地难度。

当前边缘层设备由于实验器材有限，仅使用了开发板，后续可考虑将开发板替换为计算能力更高的 Atlas200DK 等套件。边缘层模块和华为云物联网平台通信采用了 NB-IoT 模组，但 NB-IoT 时延较大。本场景对计算实时性和通信实时性要求较高，后续需要考虑将通信模组替换为 4G 或者 5G。

当前通知家人仅是 App 提醒，当 App 不运行时，容易接收不到提醒，可考虑使用语音呼叫进行提醒。

后续可与交警部门合作，一旦监测到驾驶员酒精含量超过阈值且继续驾驶时，则将车辆位置信息传至交警系统内，便于交警对酒驾进行管理。此外，还可以与出租车公司、货车公司等合作，引入信誉制度。当驾驶员多次疲劳驾驶不休息或者身体状况不适宜开车时，信誉值将低于某一值，驾驶员将不能接单或者运送货物。这样可以极大程度地保证乘客或者货物的安全，降低交通事故的发生率。

附录　教务处智能管理系统操作说明书

1. 系统登录

输入用户名、密码及验证码即可登录，如图 F-1 所示。

图 F-1　系统登录

2. 后台主页

后台主页由左侧导航栏，中间可视化图表，上方快捷导航，以及右侧通知栏四部分组成，如图 F-2 所示。

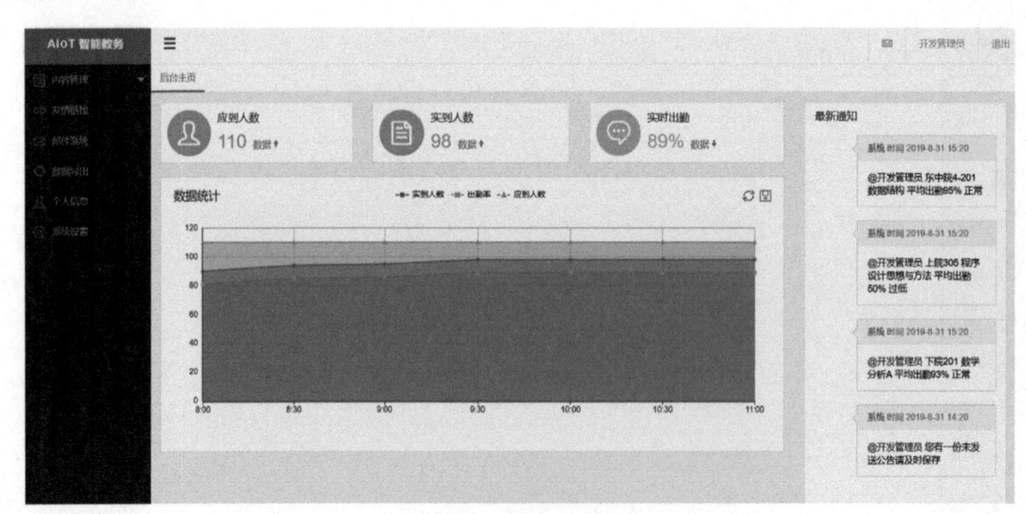

图 F-2　后台主页

点击导航栏不同内容会跳转到相应界面，导航栏可隐藏；可视化图表可实现课堂出勤情况实时演示；快捷导航可快捷退出或跳转到工作邮箱界面；右侧通知栏显示系统通知。

3. 内容管理

内容管理包含课程管理和通知管理两部分，分别如图 F-3 和图 F-4 所示。课程管理可以实现系统中的课程添加与修改，操作与教务系统数据库相连；通知管理可以进行通知发布与编辑，可与教务网站或教学公告网站相连。

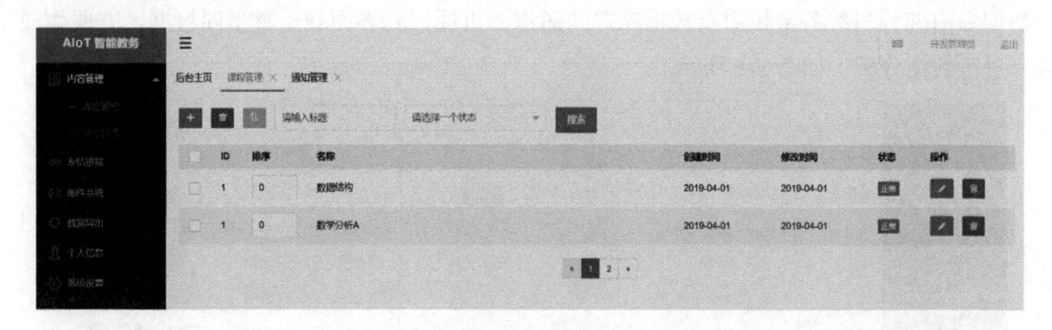

图 F-3 课程管理

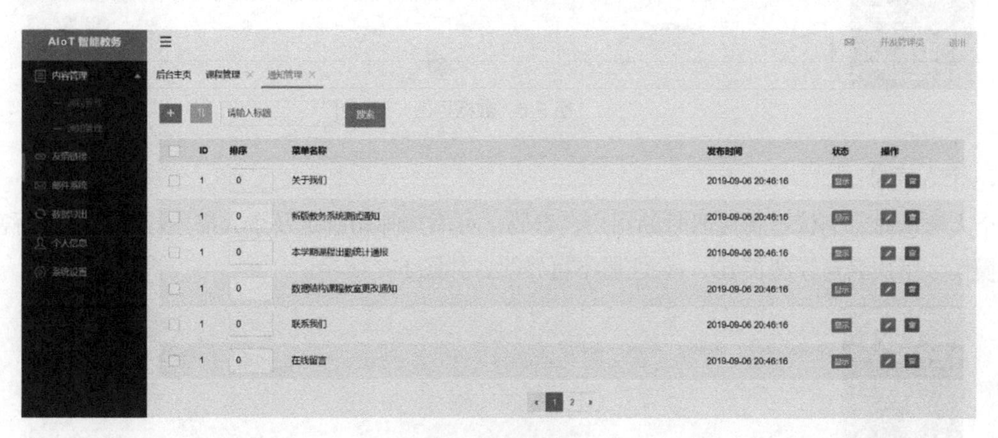

图 F-4 通知管理

4. 友情链接

预留位，可以置入工作常用网站链接，方便用户使用。

5. 邮件系统

考虑到教务老师的日常工作需要，在系统中添加工作邮件系统，该系统可通过导航栏和快捷导航到达，邮箱设置可通过系统设置实现，如图 F-5 所示。

图 F-5 邮件系统

6. 数据导出

数据导出部分与教务系统原有数据库双向通信，可通过此界面导出整学期数据，方便生成工作报表和进行数据分析，如图 F-6 所示。

图 F-6　数据导出

7. 个人信息

个人信息显示为管理员注册时的用户名密码，可添加邮箱绑定及个人描述等，也可进行密码修改等操作，用户名与管理员 ID 一经注册不可修改，如图 F-7 所示。

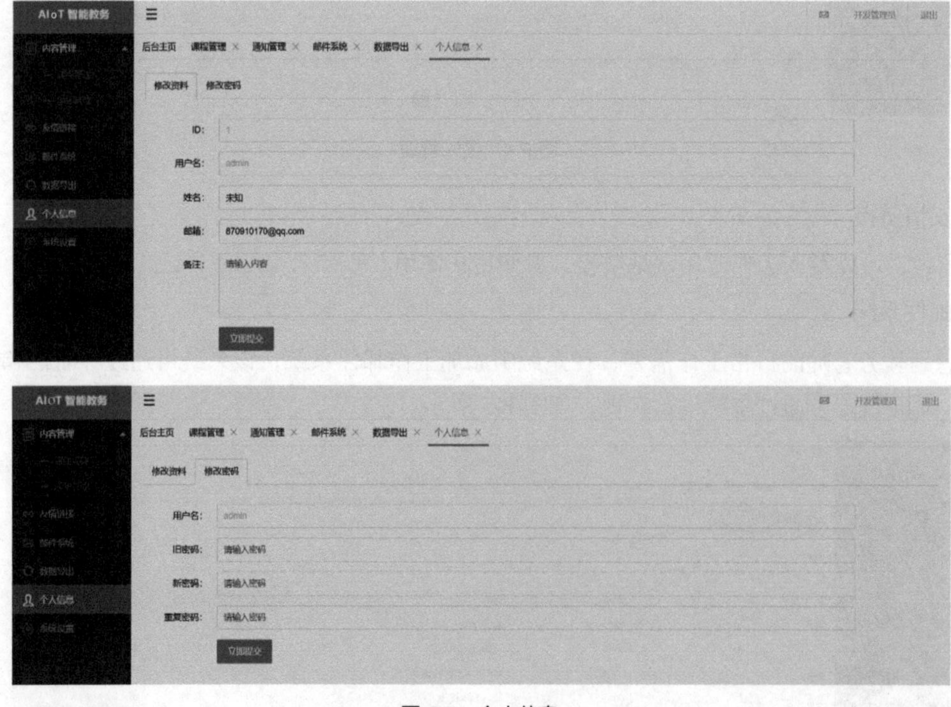

图 F-7　个人信息

8. 系统设置

系统设置中可配置邮箱系统所使用的邮件及其他配置，也可对通知刷新时间和消息提醒进行设置，如图 F-8 所示。

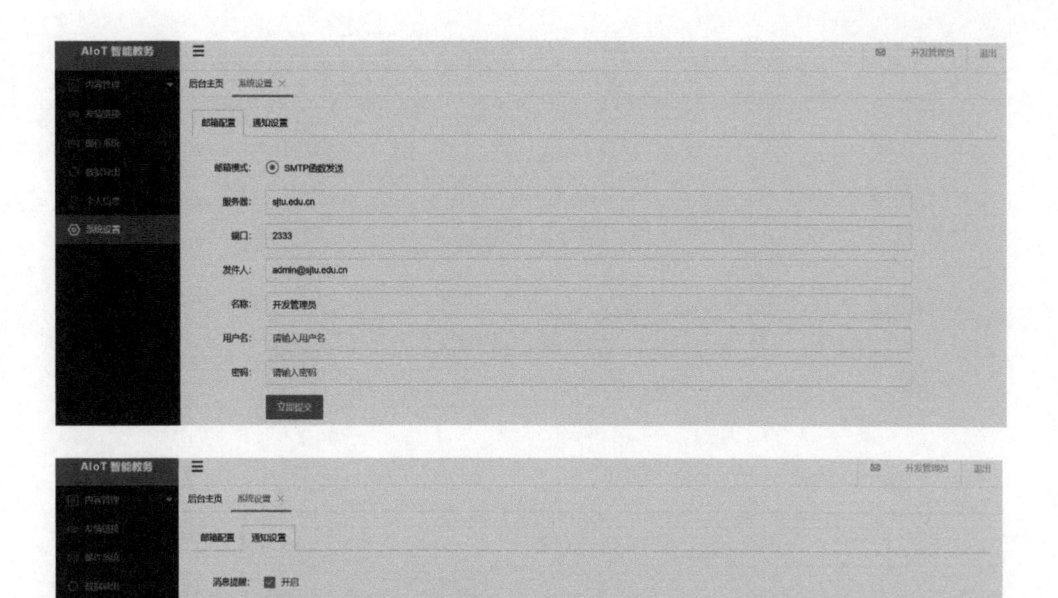
AIoT 智能教务
后台主页
系统设置
邮箱配置
通知设置
邮箱模式:
SMTP函数发送
服务器:
sjtu.edu.cn
端口:
2333
发件人:
admin@sjtu.edu.cn
名称:
开发管理员
用户名:
请输入用户名
密码:
请输入密码
立即提交
消息提醒:
开启
通知间隔:
60
立即提交

图 F-8　系统设置